国家自然科学基金面上项目（50975246）
河南省科技攻关计划项目（212102210330）

多泵多速马达液压基本回路
设计·分析·实验·仿真·实例

DUOBENG DUOSU MADA YEYA JIBEN HUILU
SHEJI FENXI SHIYAN FANGZHEN SHILI

刘巧燕　闻德生　著

化学工业出版社
·北京·

内容简介

双定子系列液压泵与马达是一种新型液压元件，在一个壳体内形成多个相互独立的泵（马达）。对于双定子液压泵来说，可以实现多个相互独立的流量、压力输出；对于双定子液压马达来说，实现了多个相互独立的转速、转矩输出。

本书分别以双定子系列液压泵为动力元件，以双定子系列液压马达为执行机构，组合形成多泵多速马达基本回路，包括多泵多速马达速度控制回路、多泵多速马达压力控制回路和多泵多速马达方向控制回路，并分别对各种回路进行了设计、分析、实例仿真以及实验研究。

本书可为从事液压元件和系统研究、设计制造、使用维修等人员提供技术支持，也可供大中院校机械专业类的师生教学使用和参考，更可作为液压类专业的研究生教材。

图书在版编目（CIP）数据

多泵多速马达液压基本回路：设计·分析·实验·仿真·实例 / 刘巧燕，闻德生著. -- 北京：化学工业出版社，2024. 12. -- ISBN 978-7-122-46619-8

Ⅰ. TH137.51

中国国家版本馆 CIP 数据核字第 2024KA1810 号

责任编辑：黄　滢　　装帧设计：王晓宇

责任校对：李露洁

出版发行：化学工业出版社

（北京市东城区青年湖南街 13 号　邮政编码 100011）

印　　装：北京天宇星印刷厂

787mm×1092mm　1/16　印张 13　字数 215 千字

2024 年 11 月北京第 1 版第 1 次印刷

购书咨询：010-64518888　　售后服务：010-64518899

网　　址：http://www.cip.com.cn

凡购买本书，如有缺损质量问题，本社销售中心负责调换。

定　　价：128.00 元

Preface

前言

液压技术具有功率密度大、易于调速与控制等特点，广泛应用于工程机械、农业机械、矿山机械等领域。目前广泛应用在各种行业中的液压传动系统均由单泵（一个壳体内一个转子对应一个定子形成的一个泵）和单马达（一个壳体内一个转子对应一个定子形成的一个马达）组成，这种传动系统在实际的应用中存在着一定的不足。因此，开发新型的液压传动系统是解决实际需求的方法之一。

本书在对液压基本回路进行简单介绍后，分别以双定子系列液压泵为动力元件，以双定子系列液压马达为执行机构，组合形成多泵多速马达方向控制回路、多泵多速马达压力控制回路以及多泵多速马达速度控制回路。通过对不同多泵多速马达液压基本回路进行设计，分析了不同回路的速度负载特性、流量特性、节能性以及回路的功率和效率等；并针对不同的液压回路，进行了实例仿真。最后，以速度控制回路为例，对多泵多速马达液压基本回路进行了实验研究。

书中章节除第 1 章为液压基本回路概述外，其余章节均为具有自主知识产权的研究内容，涉及的技术属国际、国内首创。其中第 1 章由闻德生撰写，第 2 章～第 7 章由刘巧燕撰写。本书可为从事液压元件及系统研究及设计制造、使用维修等人员提供技术支持，也可供大中专院校机械专业的师生教学使用和参考，更可用于液压类专业的研究生教材，对于提高我国液压基础件的研究水平具有重要的实用价值和指导意义。

此书成形的过程中，得到了国家自然科学基金委员会、河南省科学技术厅和黄淮学院的大力支持，在此一并表示感谢。

由于水平所限，书中不足之处在所难免，欢迎读者批评指正。

著　者

目录

Contents

第1章 液压基本回路概述

1.3 速度控制回路

1.2 压力控制回路

1.1 方向控制回路

近年来液压传动技术在机械行业中的重要性显得越来越突出，现代工业的不断发展对液压系统的要求也越来越高。新型的液压元件不断出现，与此同时，以这些新型液压元件为基础的典型液压回路也在不断革新。

液压基本回路主要包括方向控制回路、压力控制回路、速度控制回路。

1.1 方向控制回路

方向控制回路用于控制液压油液的运动方向和通断。通过控制执行元件的启停、定位及改变运动方向来满足执行元件对方向的变化及输出速度、力或力矩的要求。常见的方向控制回路有换向回路、锁紧回路等。

1.1.1 换向回路

换向回路主要用于变换执行机构的运动方向，换向时要求回路具有良好的平稳性和灵活性，换向回路可使用换向阀实现换向。在闭式液压系统中，可用双向变量泵或双向变量马达控制液压油的方向和流量，实现换向机构的换向。其中，连续方向控制回路按照控制方式分类，可以分为行程控制和时间控制两类，如图 1-1 所示。

1.1.2 锁紧回路

锁紧回路可以使执行机构在任意位置停止，并可防止其停止后窜动。三位换向阀的中位 O 型或 M 型滑阀机能，可以使执行机构在行程范围内任意位置停止，但由于滑阀阀门的泄漏，锁紧精度不高。为了提高锁紧执行机构的精度，经常采用泄漏量极小的液控单向阀作为锁紧元件，如图 1-2 所示。

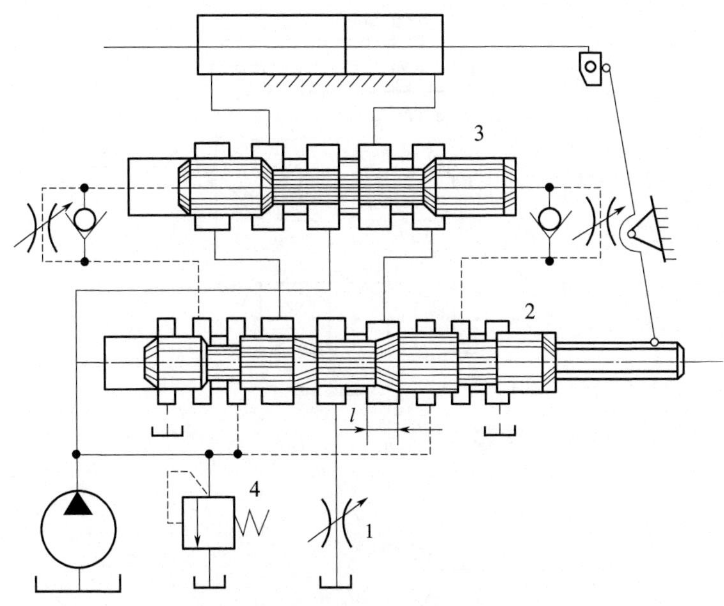

(a) 行程控制制动的连续方向控制回路

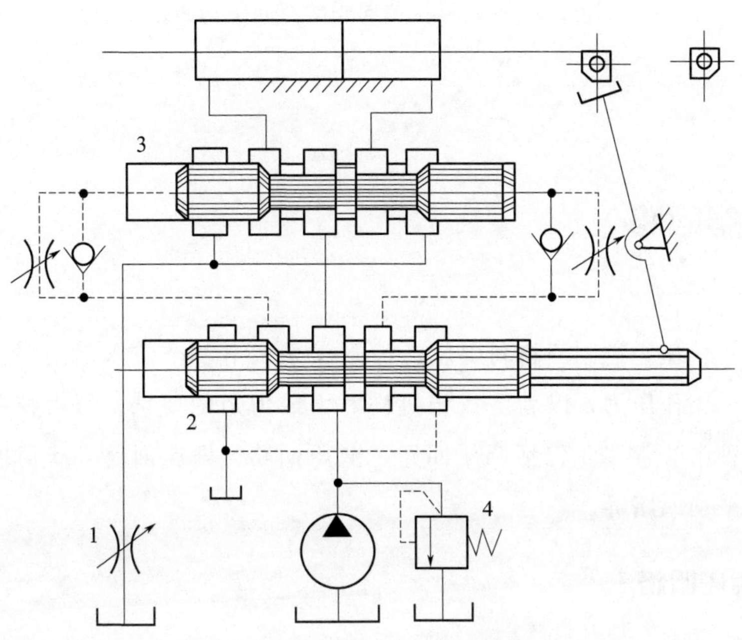

(b) 时间控制制动的连续方向控制回路

图 1-1　连续方向控制回路

1—节流阀；2—先导阀；3—换向阀；4—溢流阀

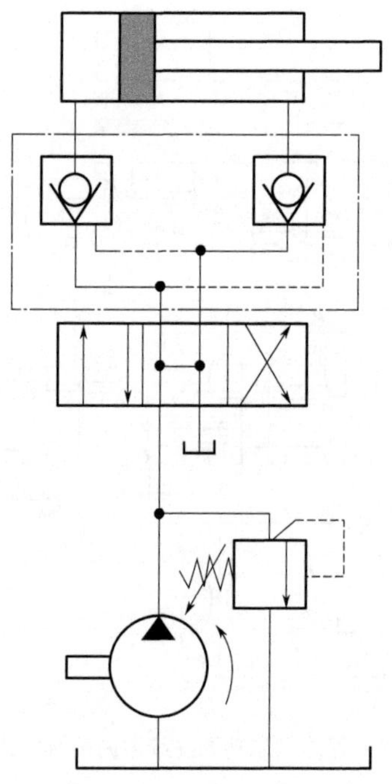

图 1-2　使用液控单向阀的双向锁紧回路

1.2 压力控制回路

压力控制回路利用压力控制阀来调节整个液压系统或局部油路的工作压力，以满足执行机构对力或力矩的要求。压力控制回路的种类非常多，包括调压回路、减压回路、增压回路、卸荷回路以及平衡回路等。

1.2.1 调压回路

调压回路可以控制整个系统或局部的油液压力，使之保持恒定或限制其最高值。在定量泵系统中，液压泵的供油压力由溢流阀来调节；在变量泵系统中，安全阀用于限制系统的最高压力，防止系统过载。当系统中需要两种以上压力时，则可采用多级调压回路来满足不同的压力要求，如图 1-3～图 1-6 所示分别为单级调压回路、二级调压回路、三级调压回路以及远程调压回路。

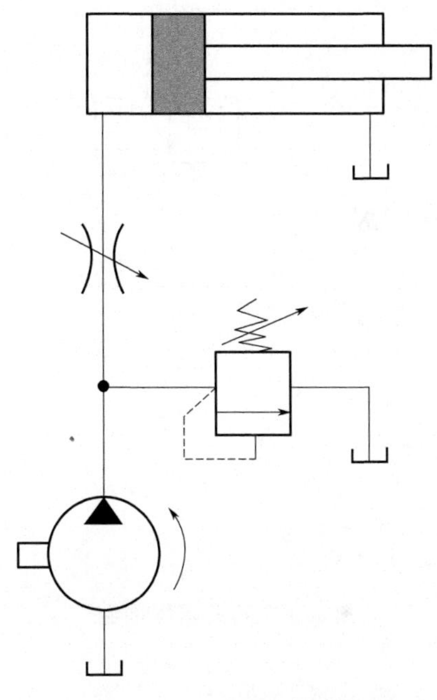

图 1-3　单级调压回路

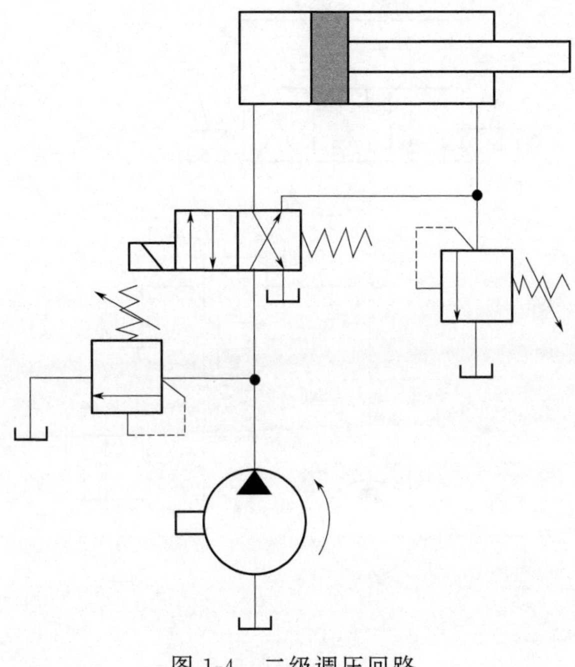

图 1-4　二级调压回路

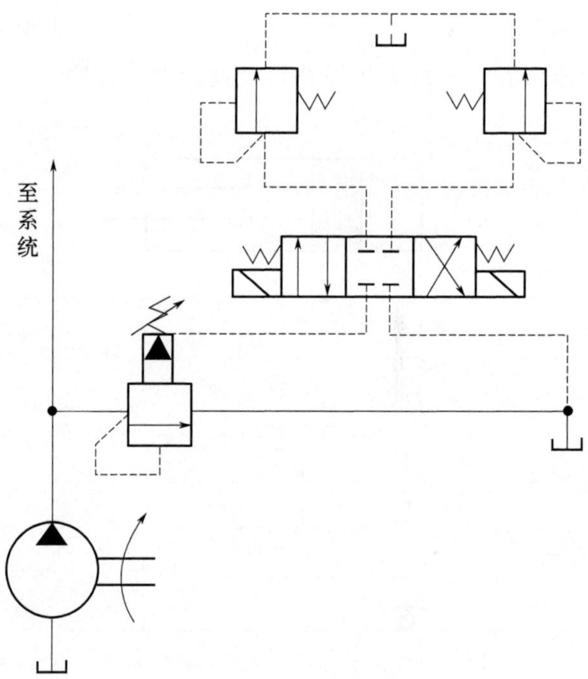

图 1-5　三级调压回路

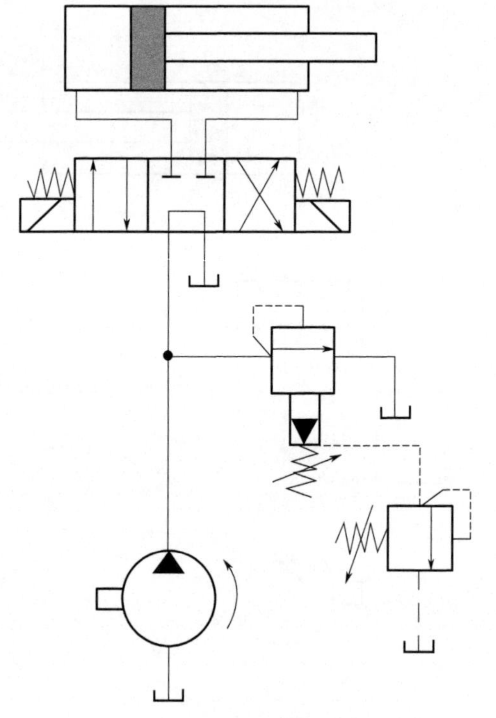

图 1-6　远程调压回路

1.2.2 减压回路

减压回路的功用是使系统中的某一部分油路具有较低的稳定压力。当某个执行元件所需求的工作压力低于溢流阀调定值时，或要求有可调的稳定低压输出时，可采用减压回路。减压阀工作时，阀口有压降，而且泄油口有漏油，所以系统总会有一定的功率损失。如图 1-7 所示为夹紧机构中常用的减压回路。

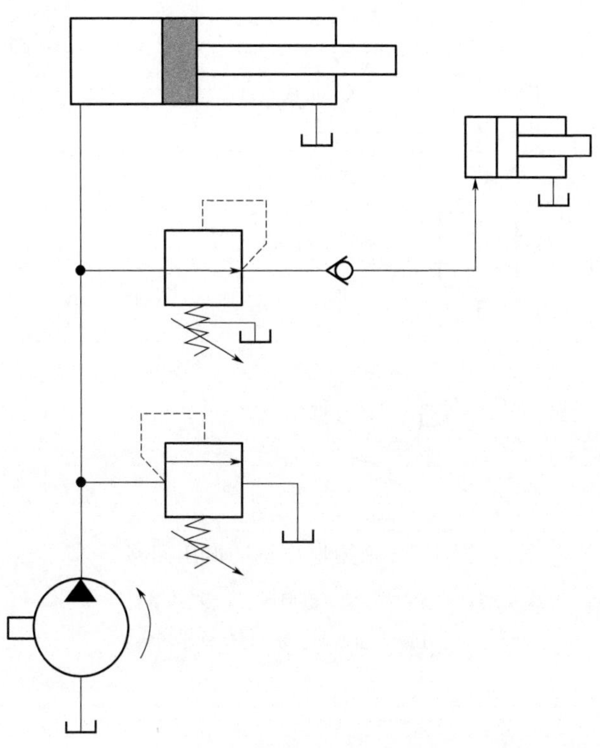

图 1-7　夹紧机构中常用的减压回路

1.2.3 增压回路

增压回路是用来使系统中某一支路的压力高于系统压力的回路。利用增压回路，系统可以采用压力较低的液压泵。当局部系统需要较高压力而流量较小时，可采用低压大流量泵的增压回路，这比选用高压大流量泵要经济得多。如图 1-8 所示为采用增压缸的增压回路。

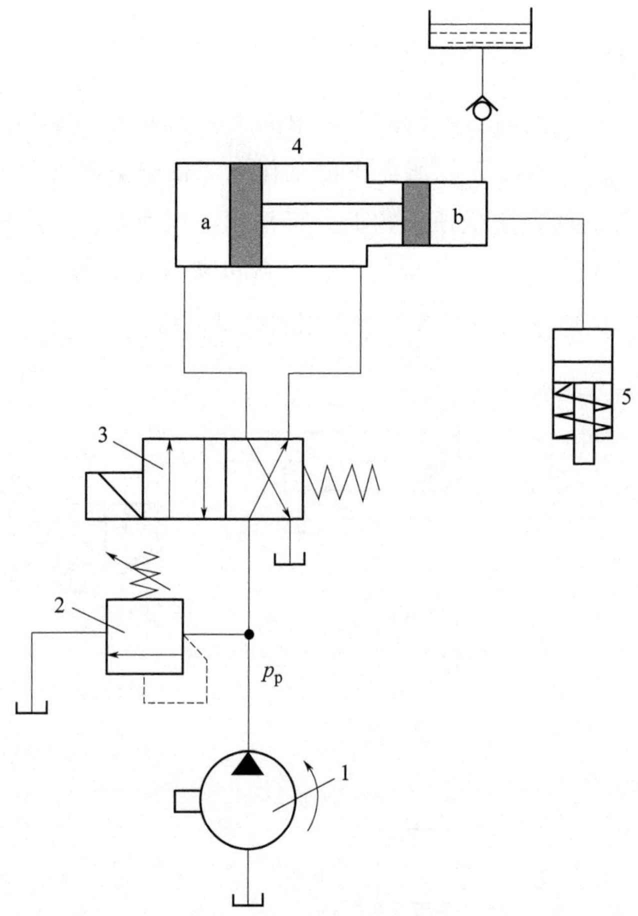

图 1-8 采用增压缸的增压回路

1—液压泵；2—溢流阀；3—换向阀；4—增压缸；5—工作缸；

a—增压缸大活塞腔；b—增压缸小活塞腔

1.2.4 卸荷回路

液压系统运行时，如果执行元件短时间停止工作，或者执行元件保持很大的输出力或力矩，而运动速度极慢甚至不动，这时液压泵输出的压力油就会全部或绝大部分由溢流阀流回油箱，造成功率损耗，而且还会影响液压系统的性能及液压泵的使用寿命，为此，需要为系统卸荷。卸荷回路的功用是在执行元件短时停止工作时减小功率损失和发热，防止因液压泵频繁启停而损坏液压泵和驱动电机。如图 1-9 所示为利用三位换向阀中位机能的卸荷回路。

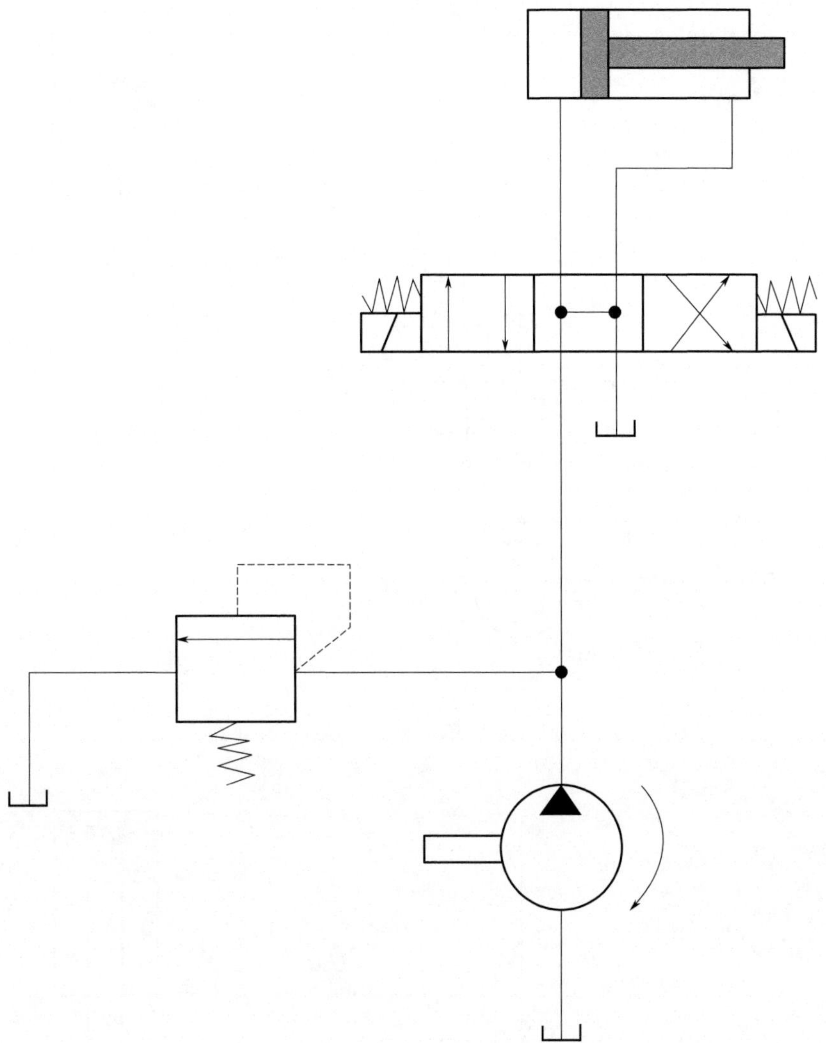

图 1-9　利用三位换向阀中位机能的卸荷回路

1.2.5　平衡回路

平衡回路的作用是在液压系统的执行机构不工作时，避免液压缸及其工作部件因自重而下落，或在下行过程中因自重而造成的不稳定运动。平衡回路的平衡方法是在执行元件的回油路上保持一定的背压，用以平衡重力负载。常见的平衡回路有采用单向顺序阀的平衡回路（图 1-10）和采用液控单向顺序阀的平衡回路（图 1-11）。

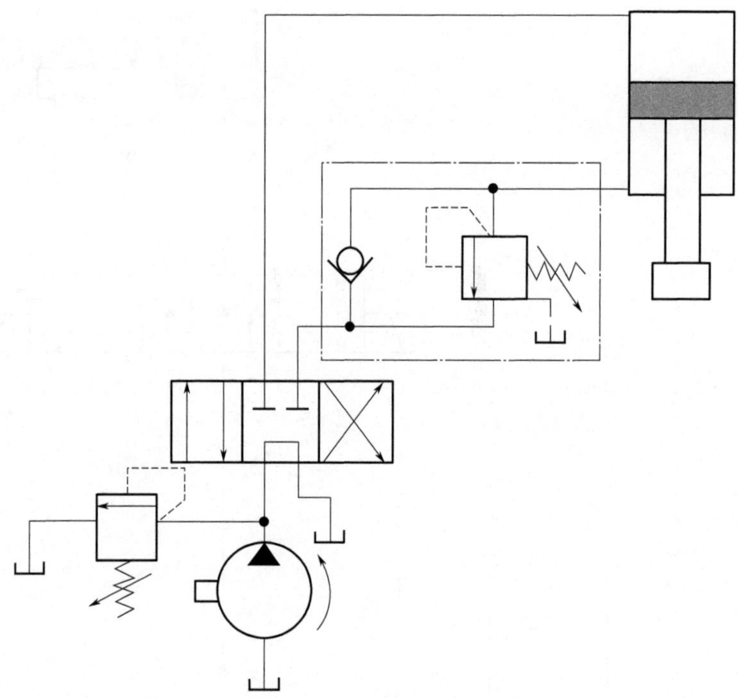

图 1-10　采用单向顺序阀的平衡回路

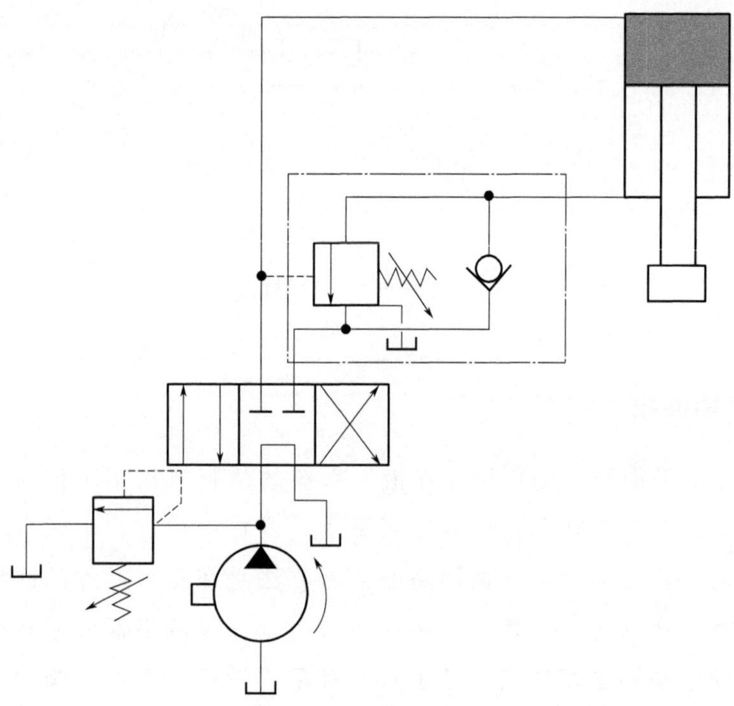

图 1-11　采用液控单向顺序阀的平衡回路

1.3 速度控制回路

速度控制回路的作用是调节执行元件的运动速度，或者使执行元件在不同速度之间进行切换。速度控制回路是系统中不可或缺的一部分，系统性能的提升很大程度上依赖于对执行元件的速度控制。调速回路不但对系统的工作性能具有决定性影响，而且对其他基本回路的选择也起着决定性作用。

调节速度可采用定量泵与流量控制阀的方法实现，也可采用变量泵或变量马达供油的方法改变进入执行元件的流量来实现，由此构成了三种基本的调速回路，即节流调速回路、容积调速回路和容积节流调速回路。

1.3.1 节流调速回路

采用定量泵供油，用溢流阀使系统压力保持恒定，通过改变流量控制阀通流面积的大小调节流入或流出执行元件的流量实现速度调节。根据流量控制阀在回路中安放位置的不同，节流调速回路可分为进油节流调速回路、回油节流调速回路、旁路节流调速回路三种基本形式，如图 1-12 所示。这种调速回路结构简单、工作可靠、成本低、使用维护方便、调速范围大，但其能量损失大、效率低且发热量大，通常只用于轻载、低速、低功率的场合。

1.3.2 容积调速回路

容积调速回路是通过采用变量泵来改变流量或改变液压马达的排量的方法来实现调节执行元件运动速度的回路。根据液压泵和液压马达（或液压缸）的组合不同，容积调速回路有三种形式（图 1-13）：变量泵和定量执行元件（液压马达或液压缸）组成的调速回路；定量泵和变量液压马达组成的调速回路；变量泵和变量液压马达组成的调速回路。容积调速回路效率高，油液温升小，适用

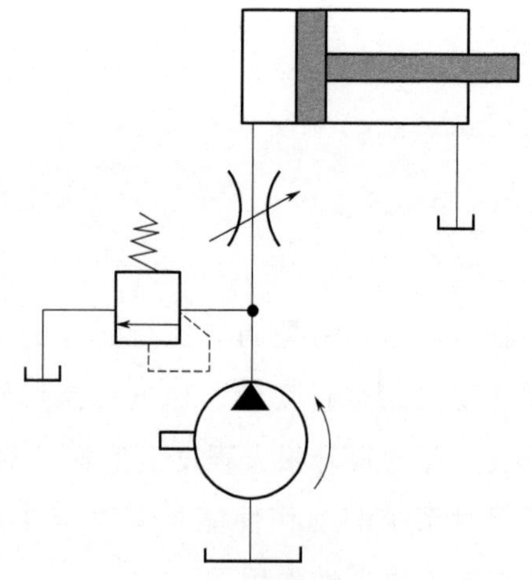
(a) 进油节流调速回路

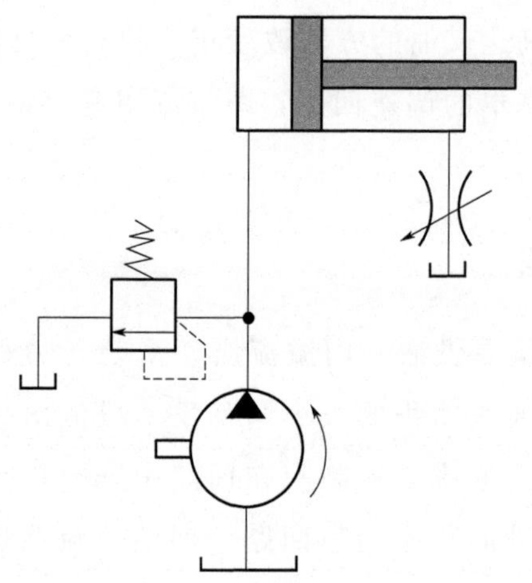
(b) 回油节流调速回路

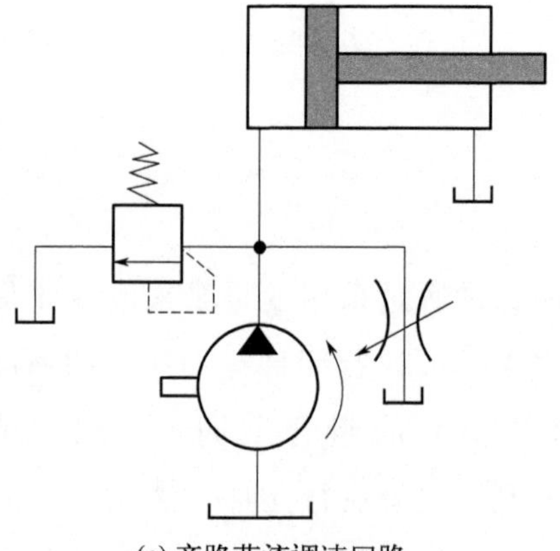
(c) 旁路节流调速回路

图 1-12　节流调速回路

于高速、大功率调速系统，但是采用变量泵或变量马达的液压系统结构较复杂，且油路也相对复杂，一般需要有补油油路和设备、散热回路和设备，所以成本较高。

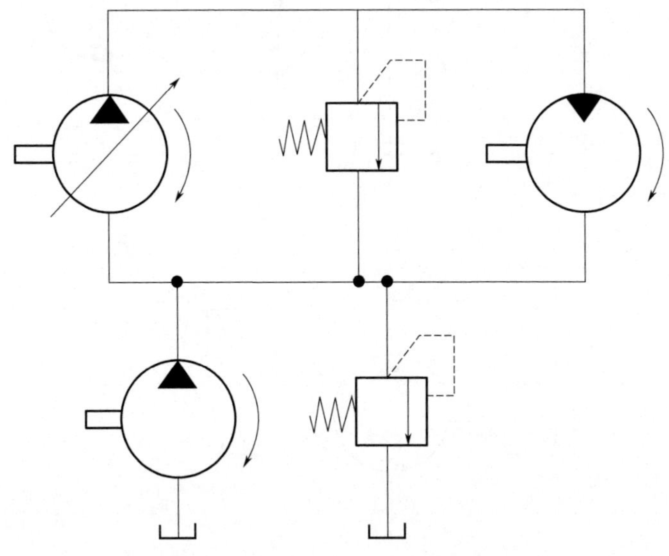

(a) 采用变量泵-定量液压马达的容积调速回路

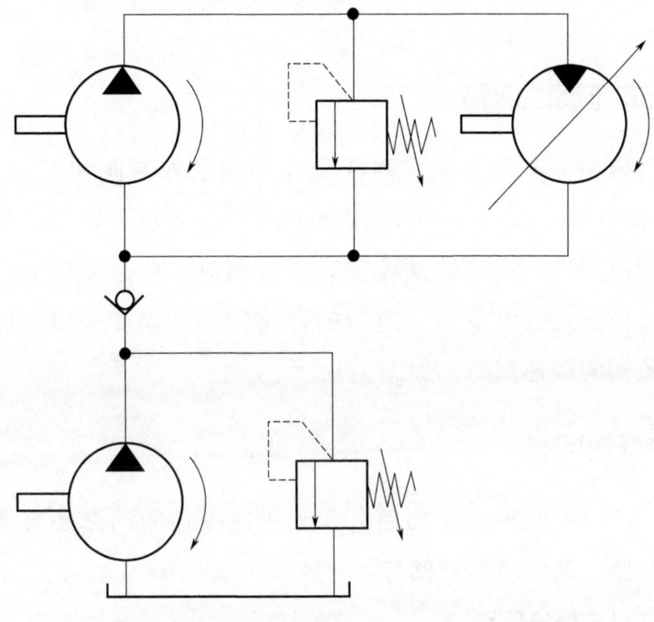

(b) 采用定量泵-变量液压马达的容积调速回路

图 1-13

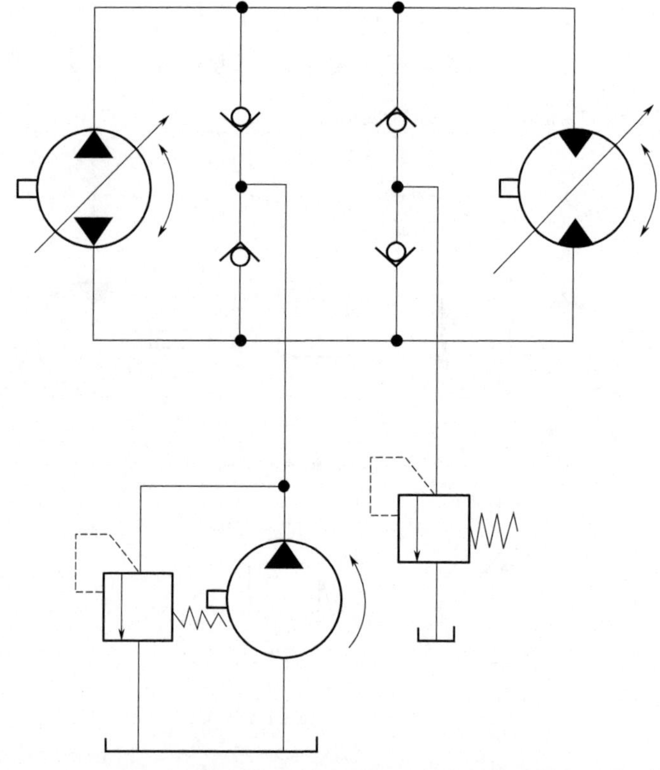

(c) 采用变量泵-变量液压马达的容积调速回路

图 1-13　容积调速回路

1.3.3　容积节流调速回路

容积节流调速是采用变量泵和流量控制阀相配合的调速方法，又称联合调速。容积节流调速回路是用变量泵供油，用调速阀或节流阀改变进入液压缸的流量，以实现对工作速度的调节，常见的采用有限压式变量泵和调速阀的调速回路，以及采用差压式变量泵和节流阀的调速回路，如图 1-14 所示。

1.3.4　其他调速回路

除以上三种调速回路外，液压速度控制回路还有增速回路、减速回路、速度换接回路等。

(1) 增速回路

增速回路是指在不增加液压泵流量的前提下，增大执行元件运

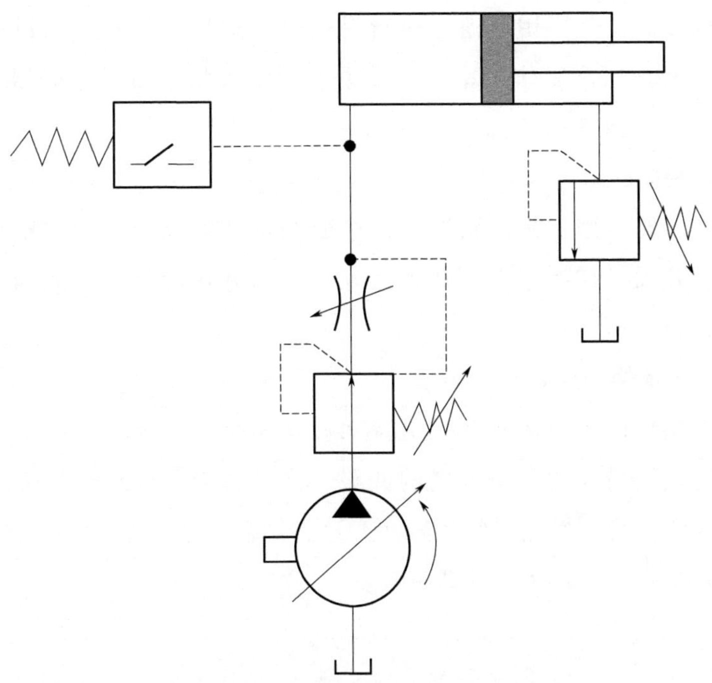

(a) 采用限压式变量泵和调速阀的容积节流调速回路

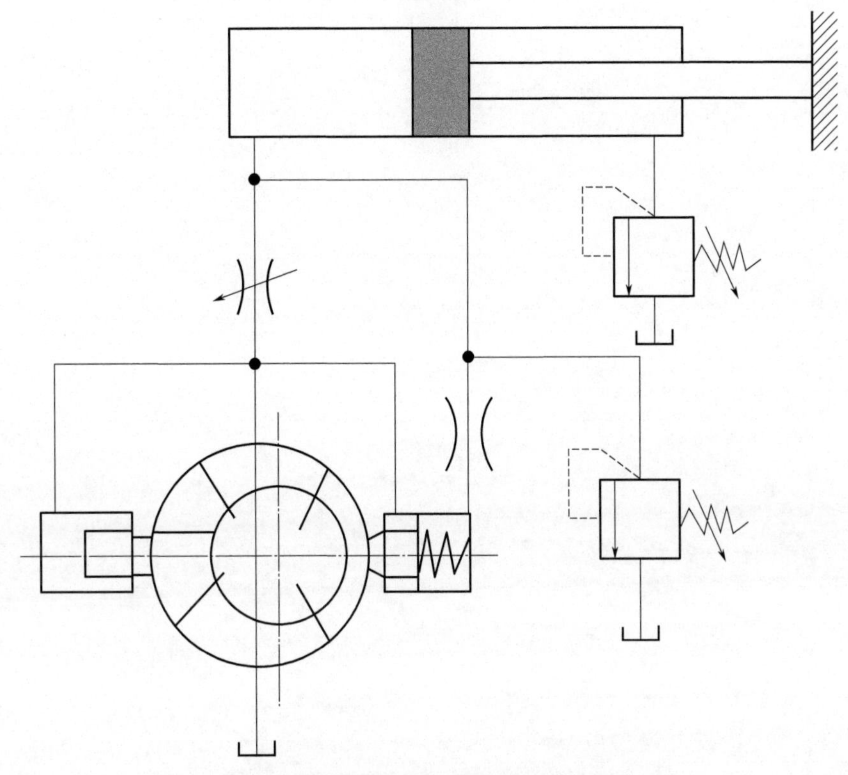

(b) 采用差压式变量泵和节流阀的容积节流调速回路

图 1-14　容积节流调速回路

动速度的回路。主要用于通过执行元件的快速后退和快速前进来缩短工作时间、提高工作效率，常采用差动缸或增速缸、蓄能器、辅助缸、双泵供油来实现。

（2）减速回路

减速回路常用于执行元件由快速变为慢速的情况下，常用行程阀、行程开关等控制换向阀使油路通断，或利用液压缸本身的结构将快速转为慢速。

（3）速度换接回路

速度换接回路是指使液压执行元件在一个工作循环内从一种运动速度转换到另一种工作速度的回路。这种转换不仅包括快速转为慢速，也包括两个慢速之间的转换。这种回路可以由多个调速阀串、并联或多个液压马达串、并联来实现。

第2章 多泵多速马达液压传动

2.1 双定子系列液压泵与马达

2.2 双定子元件的结构特点与职能符号

2.3 多泵的连接方式

2.4 多速马达的连接方式

2.5 多泵多速马达液压传动原理

2.1 双定子系列液压泵与马达

双定子系列液压泵与马达是一种新型液压元件，其利用两个转子与一个定子或两个定子与一个转子，在一个壳体内存在多个相互独立的多泵（多马达）的结构原理，形成新型的液压传动方式。笔者团队经过数十年的努力，研制出了多种由两个转子（一个转子）与一个定子（两个定子）在一个壳体内所形成的多个相互独立的多泵多速马达结构原理，并规定了该系列液压元件的符号及表示方法，其结构包括齿轮型、柱塞型、单滚柱型、双滚柱型、双滚柱连杆型、凸轮型和异形柱塞式(扇形、部分扇形、三角形、梯形、半圆形）等。

2.1.1 等宽曲线双定子多泵多速马达

等宽曲线双定子多速马达采用两个定子对应一个转子，且在一个壳体内存在多个相互独立的多马达结构原理，笔者团队还在此基础上研发了单滚柱型、双滚柱型、双滚柱连杆型、滑块型等多种结构形式的双定子马达。此外，根据曲线形状不同，又研发了单作用、双作用、三作用、多作用等不同形式的双定子多速马达。

2.1.2 摆动型双定子液压马达

摆动型双定子多输入马达系列，实现了摆动马达上的双定子、多输入、差动连接等特殊功能。该系列马达是将双定子理论应用于摆动马达而形成的一种新型马达结构，其在一个壳体内可以形成相互独立的多个内、外摆动马达，亦可实现多级定转矩、多级定摆速以及差动连接的多速输出，从而大大扩展了摆动马达的使用范围。如图 2-1 所示为摆动双定子液压马达的结构原理与主要零部件。

如图 2-1 所示的马达具有一内一外两个马达的结构，由外定子、

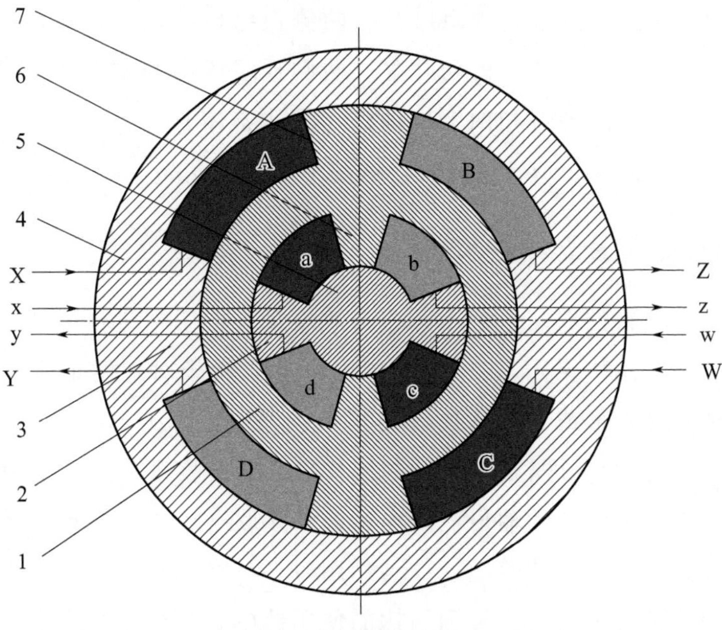

(a) 结构原理

1—转子；2—内定叶片；3—外定叶片；4—外定子；
5—内定子；6—内动叶片；7—外动叶片
a, b, c, d—内马达油腔；A, B, C, D—外马达油腔；
x, y, z, w—内马达油口；X, Y, Z, W—外马达油口

(b) 主要零部件

1—外定子；2—转子；3—内定子；4—输出轴；
5—左端盖；6—右端盖

图 2-1　摆动型双定子液压马达的结构原理与主要零部件

转子、外动叶片、外定叶片、两侧板组成外摆动马达；由转子、内定子、内定叶片、内动叶片、两侧板组成内摆动马达。内、外马达各有两个进油口和两个出油口，马达整体共有八个油口。同理可制成内、外两个或三个马达，摆动半角为 360°/n。

2.1.3 凸轮型双定子液压马达（泵）

凸轮型双定子液压马达与液压泵，采用靠凸轮运动而形成的双定子马达（泵），在一个壳体内由一个转子对应两个定子的新型结构原理，形成了相互独立的多个内马达（泵）与外马达（泵）。通过改变内、外马达（泵）的工作方式，可实现多级定流量与多级定转矩、定转速的输出。当内、外马达联合工作时，解决了传统凸轮马达工作死点的问题。作马达用时，具有轴转动与壳转动等不同类型，扩大了凸轮型泵和马达的使用范围，为研制多作用、多输入型凸轮泵和马达奠定了理论与实践的基础。如图 2-2 与图 2-3 所示分别为双作用双定子凸轮转子叶片泵与三凸起凸轮转子壳转多速马达。

如图 2-2 所示的双定子凸轮转子叶片泵，凸轮转子分别与内、外定子中心重合；内泵与外泵分别有两个可变密闭容积，因此为双作用泵。凸轮转子内、外表面近似为椭圆形光滑封闭曲线。泵轴（凸轮转子）与内泵叶片和外泵叶片之间均为滑动摩擦。该泵由一个转子对应两个定子，形成内、外各有两个相互独立的同流量泵，可分别或组合工作。同理，还可制成多作用泵的形式。

如图 2-3 所示的马达在一个壳体内有一个定子和两个转子，其中，外转子转动即是壳转动；配流方式采用轴配流；滚柱与外转子内表面、内转子的外表面、连杆之间都为滚动摩擦；外转子内表面与内转子外表面曲线为等宽相似曲线；连杆的凹槽直径大于滚珠的直径，滚柱磨损时可以得到磨损补偿。该马达由两个三作用内、外转子和一个安装有双叶片的定子组成，形成了内、外各两个马达，可分别或联合工作，形成了壳转型四马达。同理，其作用数、叶片数均可变。

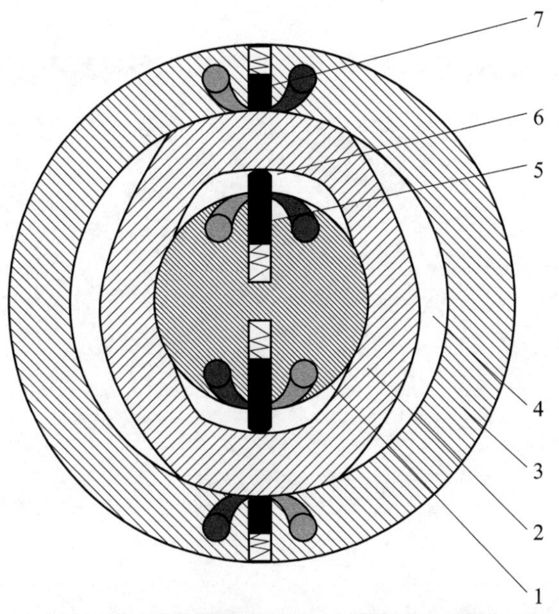

图 2-2　双作用双定子凸轮转子叶片泵

1—内定子；2—转子；3—外定子；4—外泵变化容积；5—内泵叶片；6—内泵变化容积；7—外泵叶片

2.1.4　齿轮型双定子液压马达

齿轮型双定子液压马达是将双定子理论应用于齿轮马达而形成的一种新型马达结构，如图 2-4 所示为内、外啮合齿轮马达。马达工作时，高压油由进油口 b 和 c 进入内、外马达的高压腔，对齿轮产生不平衡切向液压力，推动齿轮转动，产生转矩、转速，最后，通过与共齿轮连接的输出轴输出转速和转矩。该多速马达由内、外两个

(a) 主要零部件

(b) 整体装配

图 2-3 双定子三凸起凸轮转子壳转多速马达

马达组成，其中，内啮合齿轮马达为内马达，外啮合齿轮马达为外马达。内、外马达既可以独立工作又可以联合工作。

2.1.5 异形滑块双定子轴向柱塞马达

异形滑块双定子轴向柱塞马达系列从原理上打破了圆形柱塞的传统习惯，设计了扇形、部分扇形、三角形、梯形、半圆形、半椭圆形等多种柱塞形状的柱塞马达。异形柱塞马达工作时每个柱塞的

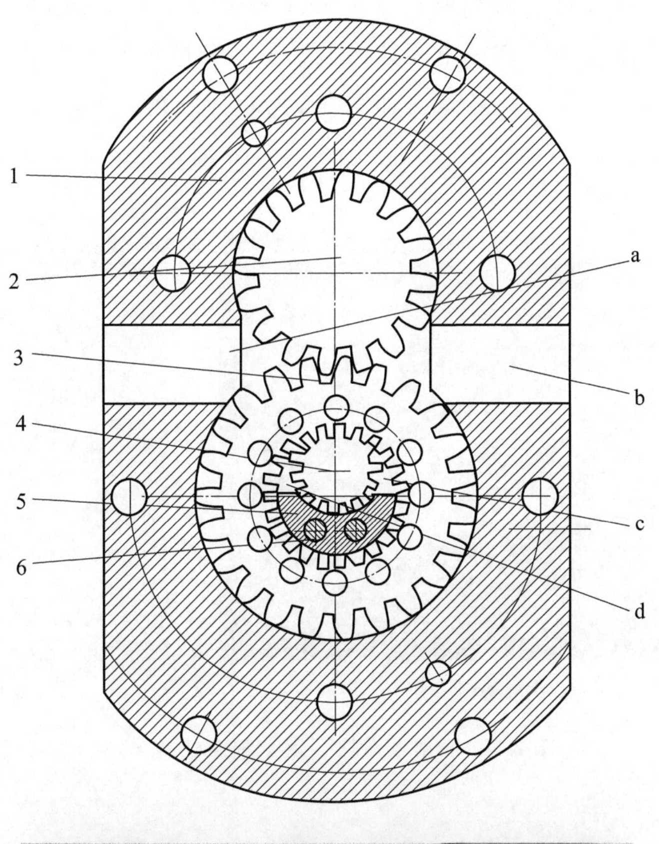

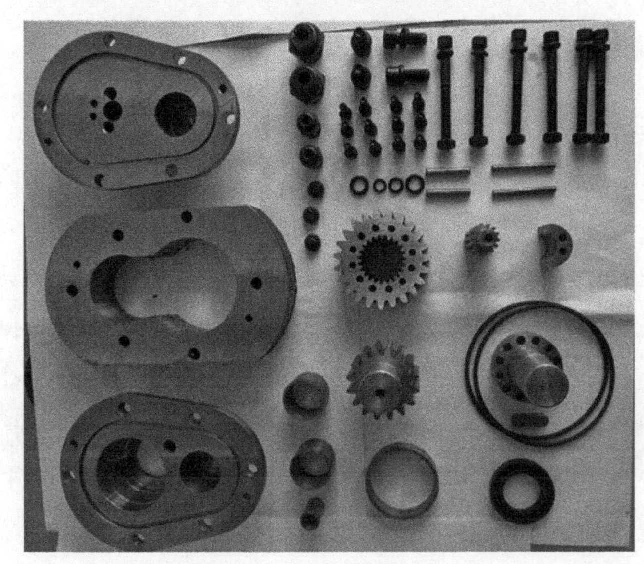

图 2-4　内、外啮合齿轮马达

1—壳体；2—大齿轮；3—共齿轮；4—小齿轮；5—月牙板；6—定位销；
a—外马达出油口；b—外马达进油口；c—内马达进油口；d—内马达出油口

两端皆能进、出油，对于同一个柱塞，当一端进油时，另一端出油，则相当于在一个壳体内形成了多个相互独立的多马达，增加了排量，提高了比功率。如图 2-5 所示为三角形滑块双定子轴向柱塞马达。

(a) 内部结构

(b) 整体装配

图 2-5　三角形滑块双定子轴向柱塞马达

2.1.6　力平衡型双定子轴向柱塞马达

如图 2-6 所示为轴向力平衡型双定子轴向柱塞马达，将两个相对应的斜盘称为双定子，通轴称为转子，配流壳筒内表面设有腰形配流槽，每组柱塞腔通过配流壳筒进行配流，马达的进、出油口都设在马达的壳体上。该马达有左右两个柱塞马达，每个马达有十个柱塞，左右马达的柱塞两两相对且共用一个柱塞腔，确保转子实现轴向力平衡，十个柱塞腔分成两组通油，每组中的五个柱塞腔间隔分布，每组柱塞腔有一个进油口和一个出油口，马达整体共有四个油口。该马达轴向力平衡，组成了两个同流量马达可分别或联合工作。同理，也可制成多排柱塞的形式。

2.1.7　双定子径向柱塞马达

现有的径向柱塞马达都是一个定子对应一个转子，如果让一个转子同时和两个定子相互作用，就相当于在原有马达的基础上多出

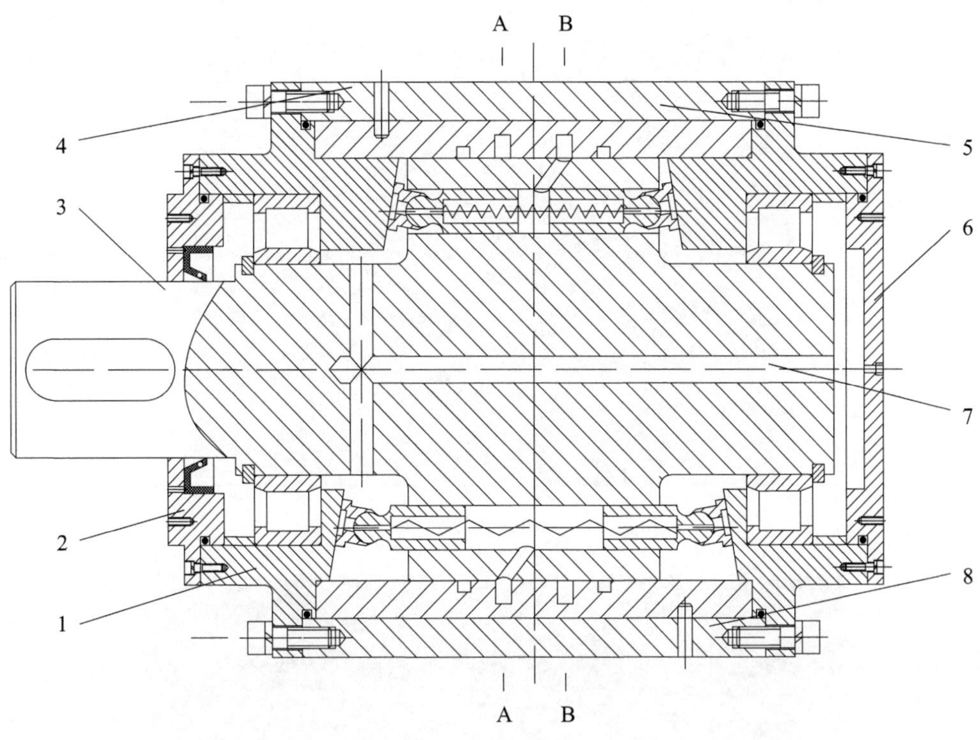

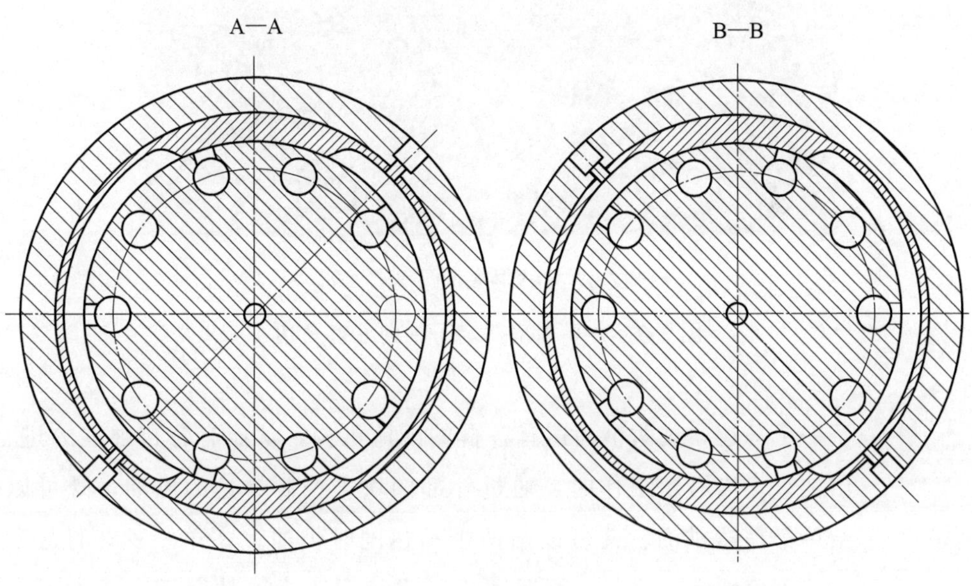

(a) 结构原理

1—左斜盘；2—左端盖；3—通轴；4—壳体；5—配流壳筒；
6—右端盖；7—卸油孔；8—右斜盘

图 2-6

(b) 主要零部件

(c) 整体装配图

图 2-6　力平衡型双定子轴向柱塞马达

了一个马达，这两个马达有各自的配流机构，从而有各自独立的进、出油口。当马达工作时，通过外部阀块来控制马达的供油，既可以给单个马达供油，又可以给两个马达同时供油。这样，多出的这个马达不仅增大了排量，而且可在油源流量不变的情况下，通过各个马达的工作与否改变原有马达的排量，从而输出多种转速、转矩，有很广阔的应用前景。如图 2-7 所示为双定子径向柱塞马达的结构原理。

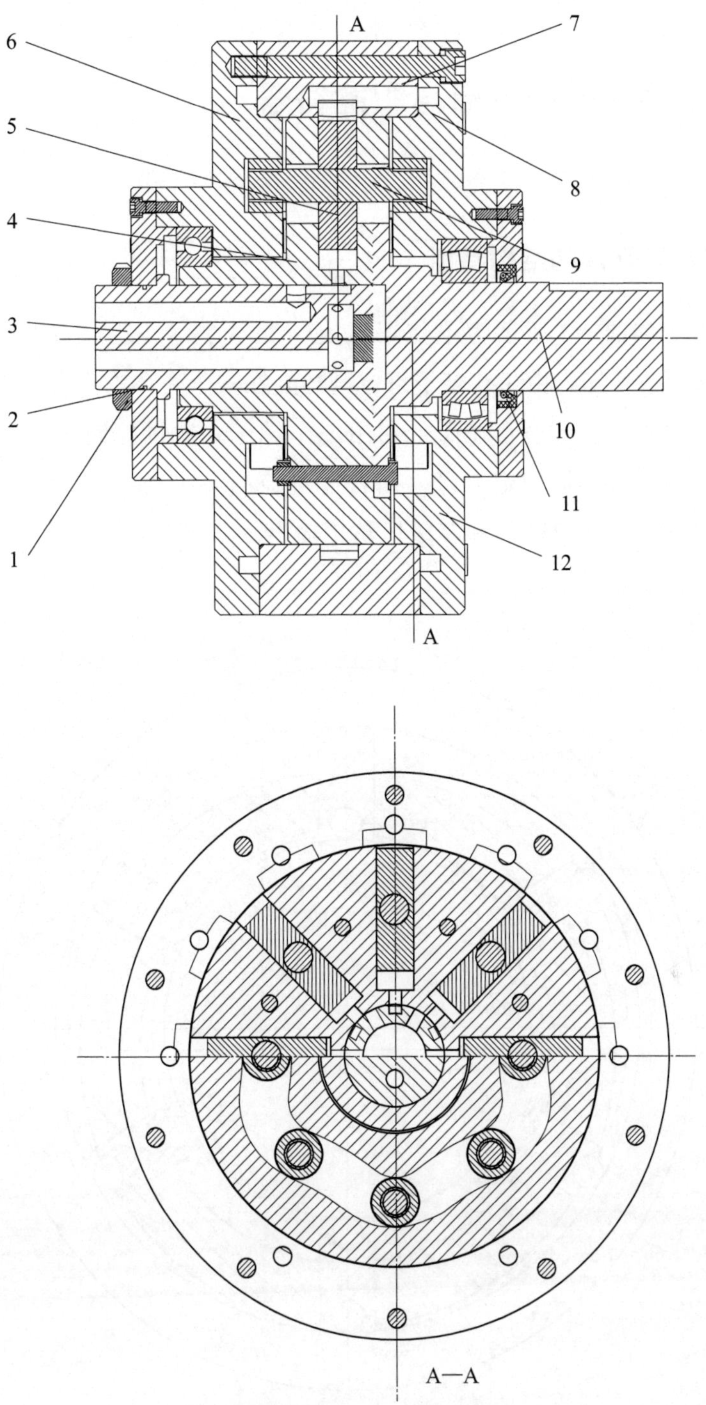

图 2-7　双定子径向柱塞马达的结构原理

1—圆螺母；2—O 形圈；3—配流轴；4—缸体；5—柱塞；6—左端盖；7—配流环；8—滚轮；9—横轴；10—输出轴；11—油封；12—右端盖

2.2
双定子元件的结构特点与职能符号

2.2.1 双定子元件的结构特点

如图 2-8 所示为单作用双定子变量泵（马达）的原理简图。由图 2-8 可知，由于双定子泵（马达）在一个壳体内实现了内、外多个泵（马达）同时存在而且共用一个转子，通过控制多个泵的工作状态可实现不同的定流量输出，通过控制各个马达的工作状态可实现马达的多级恒转速和多级恒转矩输出。

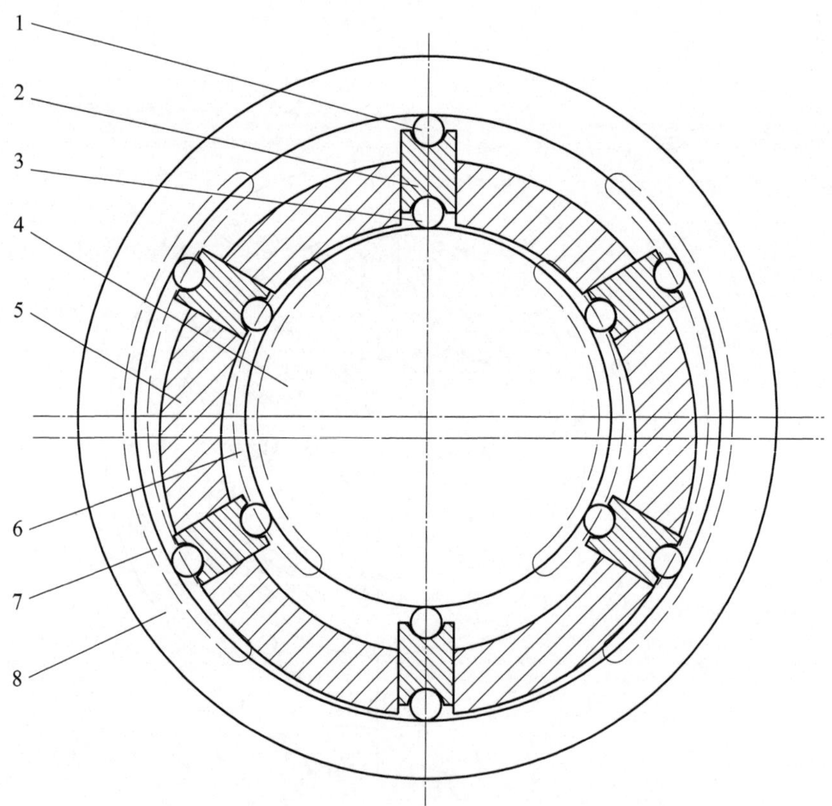

图 2-8　单作用双定子变量泵（马达）的原理简图

1—外滚柱；2—连杆；3—内滚柱；4—内定子；5—转子；6—内泵（马达）变化容积；7—外泵（马达）变化容积；8—外定子

双定子泵中内、外泵的多种组合可以给系统提供多种不同的流量，类似于变量泵的调节，虽然无法单独使用双定子泵使系统实现无级调速，但双定子泵与调速阀或节流阀的组合同样可以使系统进行无级调速，简化了系统，得以在系统中减除复杂的变量装置。同理，双定子马达中内、外马达的多种组合使马达有多种不同的排量，当流入马达的油液流量相同时，由于输出排量不同，马达就拥有了不同的转速。

2.2.2　双定子元件的职能符号

如图 2-9 所示为双定子泵和双定子马达的职能符号，其中图（a）表示单作用双定子泵，图（b）表示双作用双定子泵，图（c）表示单作用双定子马达，图（d）表示双作用双定子马达。

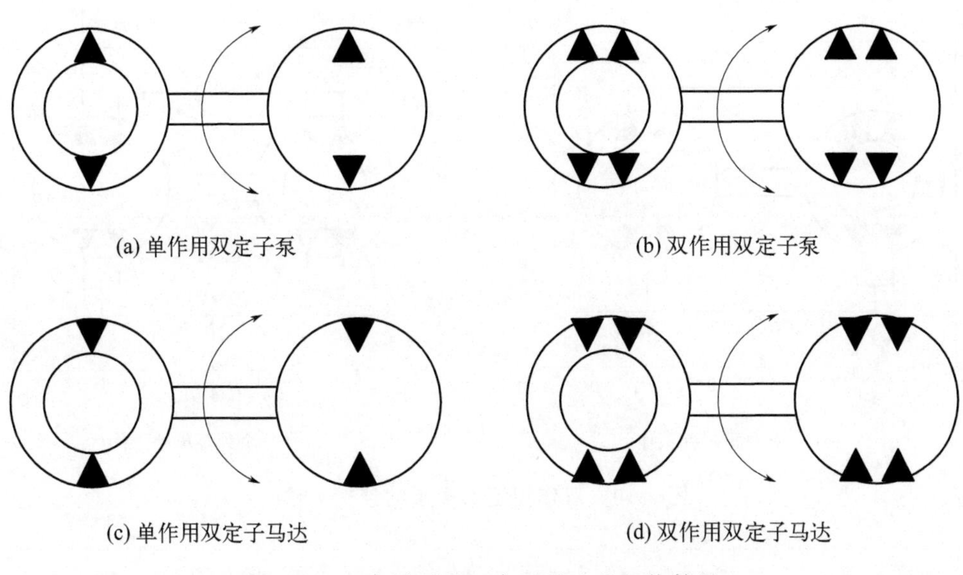

图 2-9　双定子泵和双定子马达的职能符号

如图 2-9(a) 所示，左侧小圆表示内泵，右侧大圆表示外泵，两个泵上面各有一个实心三角形，表示单作用，若有两个三角形则表示双作用。如图 2-9(b) 所示，有两个三角形，则表示双作用。三角形朝上表示泵，三角形朝下则表示马达。如图 2-9(c) 所示，三角形朝下，则表示马达。圆的上下都有三角形，表示可以双向旋转，若只有一面有三角形，则表示可以单向旋转。

2.3 多泵的连接方式

由于多泵中内、外泵工作时相互独立，在作为动力元件输出时有不同的连接方式，形成不同的流量输出，可以实现一个泵供给一个系统不同的定流量，也可分别给不同的执行机构供油。这里以双作用多泵为例分析多泵供油方式，其中的两种连接方式如图 2-10 所示（这些连接方式由控制阀来实现，为简化系统图，这里将控制阀省略）。

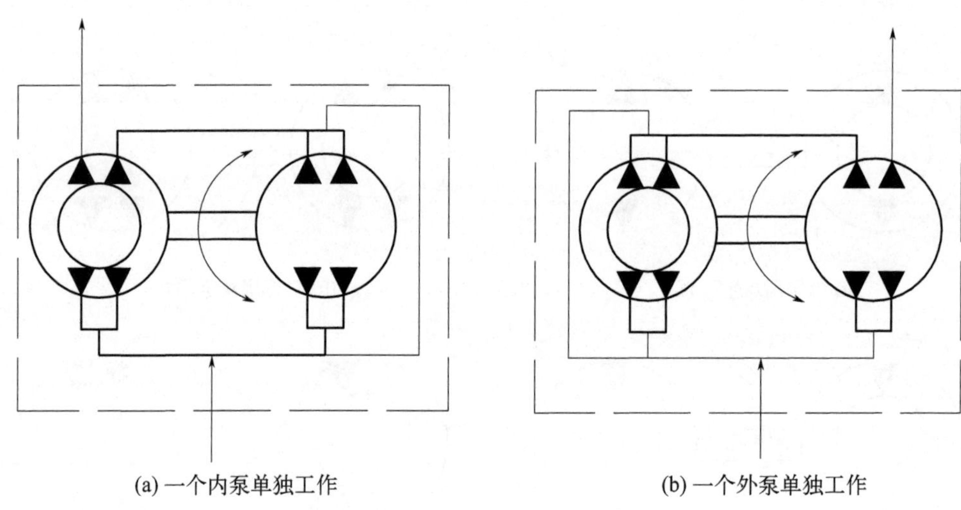

(a) 一个内泵单独工作 (b) 一个外泵单独工作

图 2-10 双作用定量多泵的连接方法

图 2-10 所示的只是双作用多泵的输出方式中的两种，双作用双定子泵可以看作是在一个泵体内有两个内泵和两个外泵，它们的不同组合可以组成八种连接方式，分别是：一个内泵、两个内泵、一个外泵、两个外泵、一个内泵一个外泵（一内一外）、两个内泵一个外泵（两内一外）、一个内泵两个外泵（一内两外）、两个内泵两个外泵（两内两外）。

由上面分析可推知，单作用多泵的连接方式有 3 种，双作用多泵的连接方式有 8 种，三作用多泵的连接方式有 15 种。归纳总结可

得，对于 N_b 作用的多泵，其连接组数为

$$n_b=(N_b+1)^2-1 \tag{2-1}$$

式中，N_b 为泵的作用数；n_b 为多泵的连接组数。

2.4
多速马达的连接方式

多速马达的供油方式和多泵相似，以双作用多速马达为例，其中的两种连接方式如图 2-11 所示。

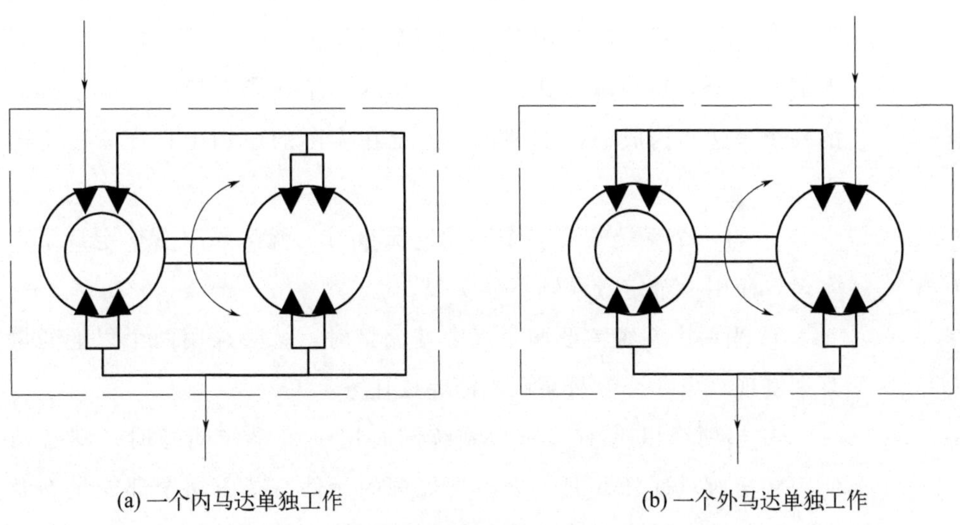

(a) 一个内马达单独工作　　(b) 一个外马达单独工作

图 2-11　双作用定量多速马达的连接方法

通过推导（和多泵相似），对于 N_m 作用的多速马达，其连接组数为

$$n_{m1}=(N_m+1)^2-1 \tag{2-2}$$

式中，N_m 为多速马达的作用数；n_{m1} 为多速马达的连接组数。

以上是马达正常连接时的连接组数，双定子马达由于内、外马达可输出不同的排量，它还可以进行差动连接，单作用双定子马达有 1 种差动连接方式，双作用、三作用双定子马达分别有 4 种和 9 种差动连接方式，由此得出多速马达差动连接方式的组数为

$$n_{m2}=N_{m}^{2} \tag{2-3}$$

马达的总连接组数为以上两者之和，即

$$n_{m}=n_{m1}+n_{m2} \tag{2-4}$$

2.5 多泵多速马达液压传动原理

随着液压传动技术的广泛应用，有关元件的噪声、效率、寿命、抗冲击性、比功率、控制方式等方面的研究越来越深入，而在泵和马达工作原理方面进行的深入研究有限。目前广泛应用在各种行业中的液压传动系统均是由单泵（一个壳体内一个转子对应一个定子形成的一个泵）和单马达（一个壳体内一个转子对应一个定子形成的一个马达）构成的，这种传动系统在实际的应用中存在着一定的不足。

① 当一个系统需要多个不同定流量时，就需要用多个定量泵来实现，而用一个定量泵则不能实现。

② 当一个系统需要两个以上变流量时，就必须用两个以上变量泵来实现，由一个变量泵则不能完成任务。

③ 当两个以上不同压力系统同时用一个泵作能源时，则必须使用减压阀（减压阀是一个浪费能源的元件，减压阀全部能量不做功，而以热的形式体现到液压油中，不但浪费了能源，而且提高了油温，加快液压系统的泄漏、磨损，降低了液压系统的效率和使用寿命）。

④ 当必须实现多个执行机构在不同压力、不同流量下同步时，单泵本身就不能实现，特别是奇数不同径缸同步时，则更不易实现了。

⑤ 当实际工况需要马达有多个定转矩和定转速时，现有的定量马达是不能实现的。

综上所述，目前广泛应用的液压传动在工程实际中存在一些不易解决的难题，开发新型的液压元件和传动，是解决实际需求的方法之一。双定子马达（泵）的试验成功，为多泵（一个壳体内可以实现多个泵同时存在）多速马达（一个壳体内可以实现多个马达同时存在）液压系统的研究提供了条件。分别以双定子液压泵为动力元件，以双定子液压马达为执行机构来组合形成一种新型的液压传动方式，称为多泵多速马达液压传动。如图 2-12 所示为多泵速多马达液压传动原理示意与传动平台。

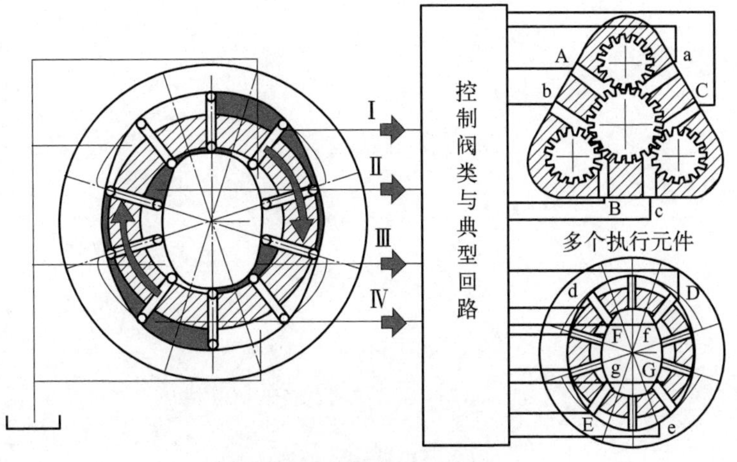

图 2-12　多泵多速马达液压传动原理示意与传动平台

A,B,C,D,E,F,G—多执行元件进油口；

a,b,c,d,e,f,g—多执行元件出油口

第3章 多泵多速马达速度控制回路

3.8 单泵多速马达速度换接回路仿真实例

3.7 变量双定子泵定量双定子马达容积调速回路

3.6 多泵多速马达液压调速回路与传统回路对比

3.5 多作用定量多泵变量单马达容积调速回路

3.4 双作用双定子泵变量单马达容积调速回路

3.3 单作用双定子泵变量单马达容积调速回路

3.2 变量单泵定量多速马达闭式液压调速回路

3.1 定量单泵多速马达速度换接回路

在液压传动系统中，速度控制是为了满足执行元件的速度要求，所以它是系统的核心问题。容积调速是液压回路中的一种速度控制方式，是通过改变变量泵或变量马达的排量来实现调速。液压系统在实际工作中，执行元件通常需要有多种运动速度。现有的容积调速回路存在很多缺点，解决实际需要的方法之一就是开发新型的液压元件和传动。双定子马达（泵）的研制成功，为多泵多速马达液压系统的研究提供了条件，也改善了容积调速回路的性能。

3.1 定量单泵多速马达速度换接回路

3.1.1 速度换接回路的构成

速度换接回路是指使液压执行元件在一个工作循环内从一种运动速度换到另一种运动速度。如图 3-1 所示为单泵多速马达液压调速回路原理简图。

与传统的速度换接回路相比，其特点是用单作用双定子马达替代普通的定量马达，这种马达在一个壳体内形成一个排量小的内马达和一个排量大的外马达。

图 3-1 中，5 为内马达，B 和 b 分别为内马达的进、出油口；6 为外马达，A 和 a 分别为外马达的进、出油口。通过控制两个换向阀可使单作用双定子马达的内、外马达有多种不同的组合方式，即马达有多种不同的排量，这样就可以控制马达的转速，且马达可以双向旋转。

3.1.2 回路的工作原理

图 3-1 中，动力元件液压泵 1 向系统供油，溢流阀 2 作安全阀用。两个电磁换向阀 3 和 4 控制高压油进入双定子马达的油口，该回路可实现的工作状况见表 3-1。

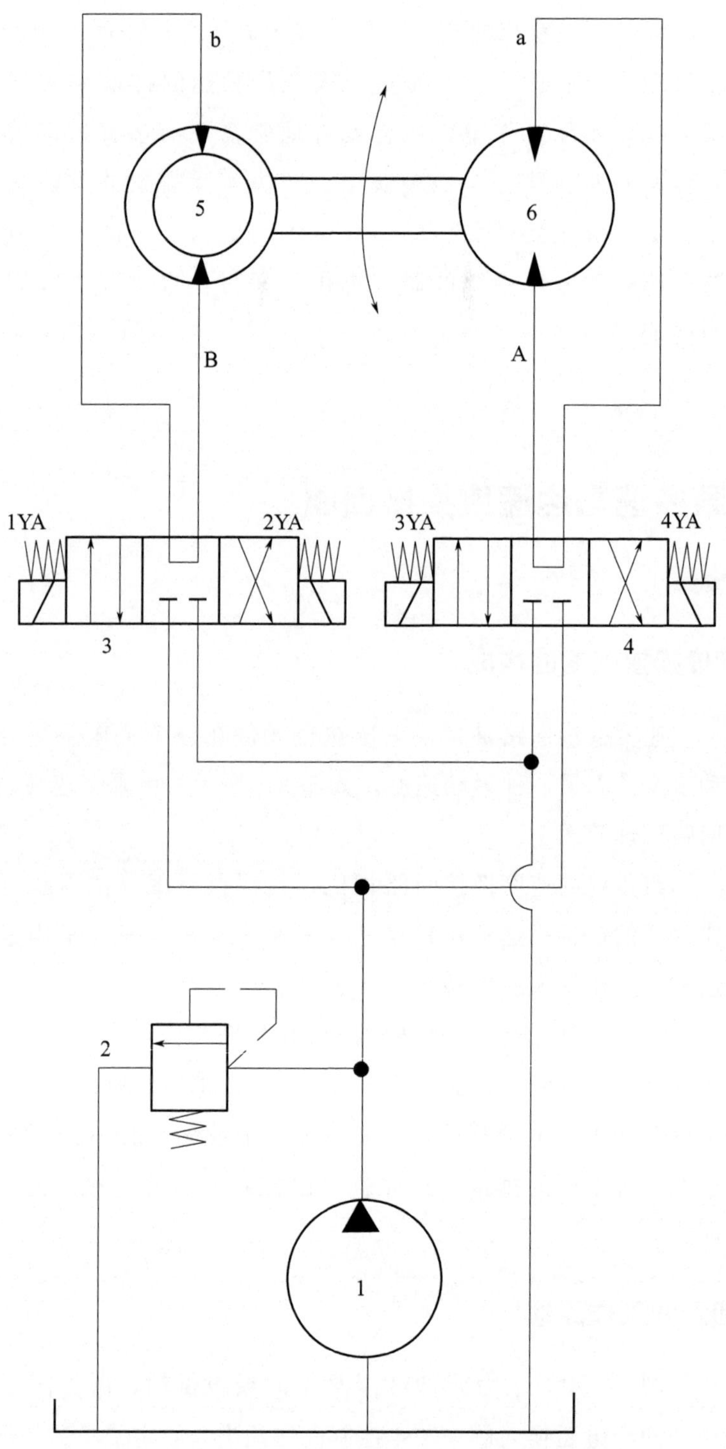

图 3-1 单泵多速马达液压调速回路原理简图

1—液压泵；2—溢流阀；3,4—电磁换向阀；5—内马达；6—外马达

表 3-1 单泵多速马达液压调速回路工作状况

1YA	2YA	3YA	4YA	马达工作情况	
−	−	−	−		不转
+	−	+	−	a 与 b 进油，内、外马达同时工作	正转
+	−	−	−	b 进油，内马达工作，外马达空转	
−	−	+	−	a 进油，外马达工作，内马达空转	
−	+	+	−	a 与 B 进油，内、外马达差动	
−	+	−	+	A 与 B 进油，内、外马达同时工作	反转
−	−	−	+	A 进油，外马达工作，内马达空转	
−	+	−	−	B 进油，内马达工作，外马达空转	
+	−	−	+	B 与 A 进油，内、外马达差动	

注：电磁铁得电用“＋”表示，电磁铁失电用“－”表示。

从图 3-1 和表 3-1 可以看出，当电磁换向阀的电磁铁 1YA、2YA、3YA、4YA 都不通电时，若此时液压泵向系统供油，液压油经安全阀全部流回油箱，马达不转。

马达正转时通过控制电磁换向阀的通断可以得到四种转速。

① 1YA、3YA 通电：电磁换向阀都处于左位，高压油经电磁换向阀从外马达的 a 口和内马达的 b 口进入，内、外马达同时工作，排量为内马达排量和外马达排量之和，此时的马达转速较低，但可以输出大的转矩。

② 1YA 通电：电磁换向阀 3 处于左位，4 处于中位，高压油由 b 口进入内马达，此时只有内马达工作，外马达空转，排量为内马达的排量，这时候的马达转速高，但输出的转矩小。

③ 3YA 通电：电磁换向阀 4 处于左位，3 处于中位，高压油由 a 口进入外马达，只有外马达工作，内马达空转，排量为外马达的排量，此时的马达可以输出第三种转速和转矩。

④ 2YA、3YA 通电：电磁换向阀 3 处于右位，4 处于左位，高

压油由外马达 a 口和内马达的 B 口进入，内、外马达实现差动连接，排量为外马达与内马达的排量之差，此时的马达可以输出第四种转速和转矩。

同理，通过控制电磁换向阀的通断可以使双定子马达反转，且能得到与正转时相同大小的四种转速和转矩。

3.1.3 速度换接回路的静态分析

由于马达正转与反转时的转速特性及转矩特性相同，因此这里以马达正转时为例对回路进行静态分析。

(1) 转速特性

设液压泵的输出流量为 q_p，则

$$q_p = V_p n_p \eta_{pV} \tag{3-1}$$

式中 V_p——液压泵的排量，mL/r；

n_p——液压泵的转速，r/min；

η_{pV}——液压泵的容积效率。

设内马达的排量是 V_{m1}，外马达的排量是 V_{m2}，由马达的结构得出 $V_{m2} > V_{m1}$，令 $\frac{V_{m2}}{V_{m1}} = C$，则 $V_{m2} = CV_{m1}$，C 为内、外马达的排量比例系数。

由表 3-1 可以看出，内、外马达不同的组合方式，使马达输出不同的排量。

$$V_m = \begin{cases} V_{m1} \\ CV_{m1} \\ (C-1)V_{m1} \\ (C+1)V_{m1} \end{cases} \tag{3-2}$$

马达输出转速为

$$n_m = \frac{q_m \eta_{mV}}{V_m} = \frac{q_p \eta_{lV} \eta_{mV}}{V_m} = \frac{V_p n_p \eta_{pV} \eta_{lV} \eta_{mV}}{x_m V_{m1}} \tag{3-3}$$

式中 η_{lV}——管路的容积效率；

η_{mV}——液压马达的容积效率；

x_m——液压马达调节参数，$x_m=1,C,(C-1),(C+1)$。

对式(3-3) 进行化简得

$$n_m=\frac{V_p n_p \eta_{pV}\eta_{lV}\eta_{mV}}{x_m V_{m1}}=\frac{V_p n_p \eta_V}{x_m V_{m1}}=\frac{K_{n1}\eta_V}{x_m} \tag{3-4}$$

式中　η_V——回路的容积效率，$\eta_V=\eta_{pV}\eta_{lV}\eta_{mV}$；

K_{n1}——常量，$K_{n1}=\dfrac{V_p n_p}{V_{m1}}$。

式(3-4) 为回路的转速特性方程。由式（3-4）可以看出，马达换接回路的四种转速与马达的调节参数成反比例关系。理论上，C 可以取大于 1 的任意实数，但由于液压马达工作时存在机械摩擦损失，当 C 越来越小时，马达在差动连接时输出的转矩无法克服马达自身的摩擦力矩，这时候马达就无法转动。因此，单作用双定子马达的排量比例系数还存在设计上的死区 ΔC。显然，马达的容积效率、机械效率越低，负载力矩就越大，ΔC 的值也就越大。

(2) 转矩和功率特性

由式(3-2) 和式(3-3) 可得，液压马达的输出转矩和输出功率。

液压马达的输出转矩可表示为

$$M_m=V_m\Delta p_m\eta_{mm}=x_m V_{m1}\Delta p_m\eta_{mm}=K_{m1}x_m \tag{3-5}$$

式中　Δp_m——液压马达进、出口压差，MPa；

η_{mm}——液压马达的机械效率；

K_{m1}——常量（认为 Δp_m、η_{mm} 恒定时），$K_{m1}=V_{m1}\Delta p_m\eta_{mm}$。

液压马达的输出功率可表示为

$$P_m=n_m M_m=\frac{K_{n1}\eta_V}{x_m}K_{m1}x_m=K_{N1}\eta_V \tag{3-6}$$

式中　K_{N1}——常量，$K_{N1}=K_{n1}K_{m1}$。

由式(3-5) 和式(3-6) 可以看出，在液压马达进、出口压差保持不变的情况下，其输出转矩 M_m 与调节参数 x_m 成正比例关系；而液压马达的输出功率与 x_m 无关，不管阀处于什么位置，回路的输出功率是相同的。当马达进、出口压差逐渐增大时，每种工作方式下马达的输出转矩都增大，且内、外马达同时工作的情况下增加得最快，内马达单独工作的情况下增加得最慢。如图 3-2 所示为马达不同工作方式下转速和转矩随压差变化的曲线。

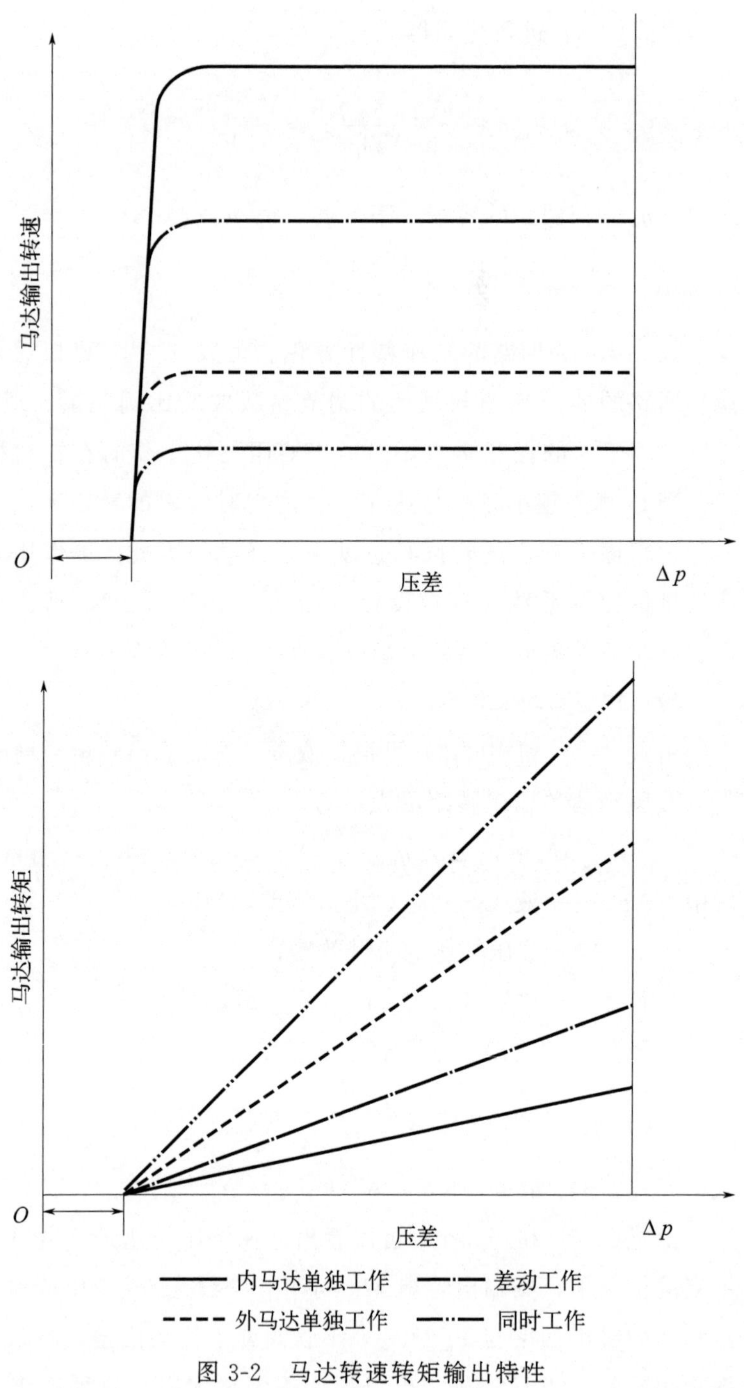

图 3-2　马达转速转矩输出特性

从图 3-2 可以清楚地看出，马达在 4 种不同工作方式下，可以输出 4 种恒转速，且每种转速情况下，都能对应不同的输出转矩范围，大大增大了回路的应用范围。

在液压马达驱动的行走机械中，根据路况往往需要多挡速度和转矩：在平地行驶时为高速小转矩，上坡时需要输出转矩增加，转速降低。采用单泵多速马达速度换接回路的液压系统就可以达到上述目的。

3.1.4　与传统回路的比较

如图 3-3 所示为传统的液压马达双速换接回路，执行元件有两个同轴的马达，能够输出两挡速度，通过控制二位四通换向阀的通断调整接入系统中的马达数。若两个马达的排量相等，并联时进入每个马达的液压油减少一半，转速相应降低一半，而转矩增大了一倍。手动换向阀实现马达速度的切换。而如图 3-1 所示的新型回路执行元件只有一个马达体，在泵输出的流量相同的情况下，能输出四种转速和转矩，使回路的应用范围更加广泛。

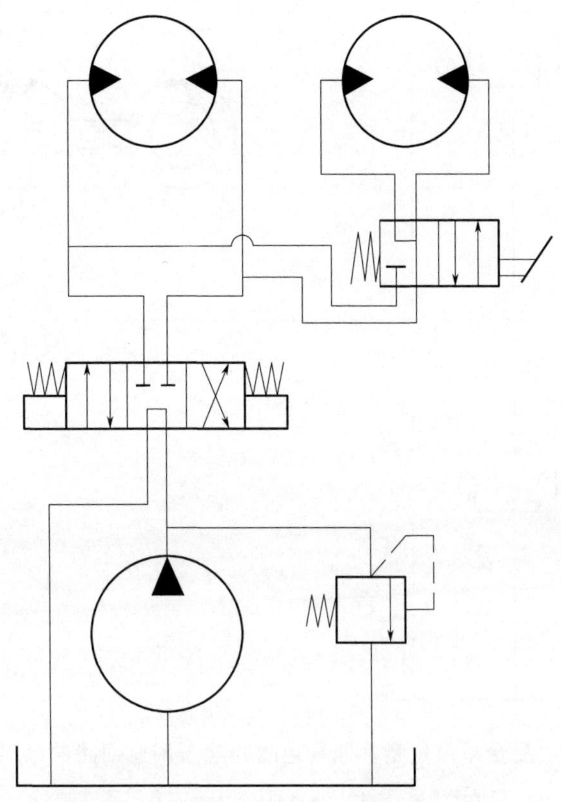

图 3-3　传统的液压马达双速换接回路

3.2 变量单泵定量多速马达闭式液压调速回路

3.2.1 调速回路的构成

如图 3-4 所示为变量单泵定量多速马达闭式液压调速回路的原理简图。

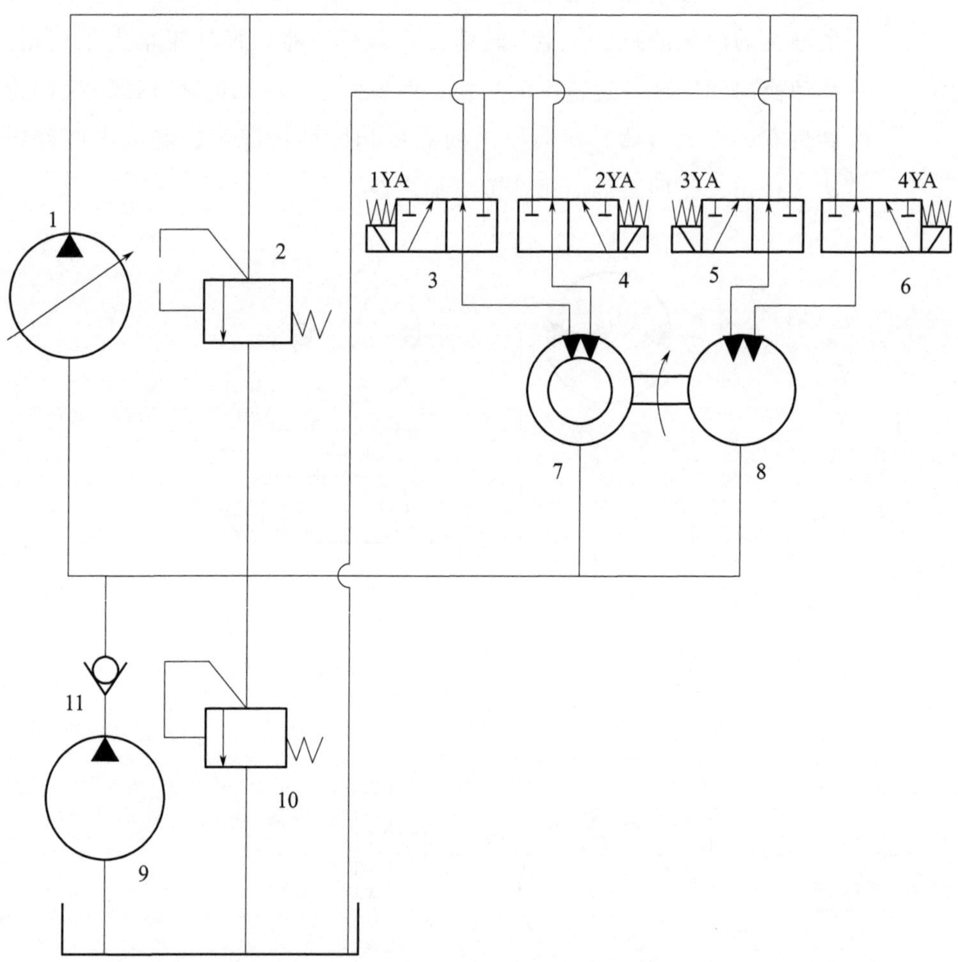

图 3-4 变量单泵定量多速马达闭式液压调速回路的原理简图

1—变量液压泵；2,10—溢流阀；3～6—二位三通换向阀；

7—内马达；8—外马达；9—补油泵；11—单向阀

该回路主要由一个普通变量单泵和一个定量双作用双定子马达构成，该双定子马达在一个壳体内有两个相同排量的内马达和两个相同排量的外马达，四个二位三通电磁换向阀分别控制四个马达的工作状况。1 为动力元件变量液压泵，溢流阀 2 起安全阀作用，防止系统过载，单向阀 11 用来防止停机时油液倒流回油箱和空气进入系统，9 为补油泵，溢流阀 10 调节补油泵的工作压力。

3.2.2 调速回路的工作原理

在图 3-4 中，当变量泵调定到一定值时，即输出流量一定时，回路中通过四个二位三通电磁换向阀的开关可以控制液压油流入单马达的进油孔的通断，由图 3-4 可知，四个换向阀的自由组合可以得出 16 种控制方式，但双作用双定子马达的内、外马达有八种不同的组合方式，即：一个内马达、一个外马达、两个内马达、两个外马达、一个内马达一个外马达（一内一外）、一个内马达两个外马达（一内两外）、一个外马达两个内马达（一外两内）、两个内马达两个外马达（两内两外），该马达可以有八种不同的输出排量。这说明 16 种控制方式中有一些控制方式是重复的，如要想实现一内一外的组合，可以有四种选择：

① 1YA、3YA 通电；

② 1YA、4YA 通电；

③ 2YA、3YA 通电；

④ 2YA、4YA 通电。

在这里，每种组合方式选取其中一个控制方式得出表 3-2 所示的回路工作状况。

表 3-2　变量单泵定量多速马达闭式液压调速回路工作状况

1YA	2YA	3YA	4YA	马达工作情况
+	+	+	+	不转
+	−	+	+	一个内马达工作
+	+	+	−	一个外马达工作

续表

1YA	2YA	3YA	4YA	马达工作情况
－	－	＋	＋	两个内马达工作
＋	＋	－	－	两个外马达工作
－	＋	－	＋	一个内马达和一个外马达工作
＋	－	－	－	一个内马达和两个外马达工作
－	－	＋	－	一个外马达和两个内马达工作
－	－	－	－	两个内马达和两个外马达工作

注：电磁铁得电用“＋”表示，电磁铁失电用“－”表示。

3.2.3 调速回路的静态分析

(1) 转速转矩特性

液压回路的转速特性是指液压马达的转速 n_m 与变量泵的调节参数 x_p 之间的关系。以 V_{pmax} 表示变量泵排量 V_p 的最大值，则变量泵的调节参数可表示为

$$x_p=\frac{V_p}{V_{pmax}} \quad 0\leqslant x_p\leqslant 1 \tag{3-7}$$

在实际工况中，当 x_p 在某一个较小的取值范围 Δx_p（死区）时，由于液压泵自身的泄漏，没有多余流量输出，此时 $\eta_{pV}=0$；当 $x_p>\Delta x_p$ 时，才有 $\eta_{pV}>0$，且认为是某一个小于 1 的常数。因此，变量泵的输出流量可表示为

$$q_p=V_{pmax}n_p(x_p-\Delta x_p)\eta_{pV} \tag{3-8}$$

令双作用马达中两个内马达的排量为 V_{m11}、V_{m12}，两个外马达的排量为 V_{m21}、V_{m22}，则 $V_{m11}=V_{m12}$，$V_{m21}=V_{m22}$，由上文可以得出 $V_{m21}=V_{m22}=CV_{m11}=CV_{m12}$。

理论上该马达有 8 种排量输出：一个内马达单独工作时输出排量为 V_{m11}；两个内马达工作时输出排量为 $2V_{m11}$；一个外马达单独工

作时输出排量为 V_{m21}；两个外马达工作时输出排量为 $2V_{m21}$；一内一外工作时输出排量为 $V_{m11}+V_{m21}$；一内两外工作时输出排量为 $V_{m11}+2V_{m21}$；两内一外工作时输出排量为 $2V_{m11}+V_{m21}$；两内两外工作时输出排量为 $2V_{m11}+2V_{m21}$。

由上面分析可以总结出马达排量表达式为

$$V_m=x_mV_{m11}=\begin{cases}V_{m11}\\2V_{m11}\\CV_{m11}\\2CV_{m11}\\(1+C)V_{m11}\\(1+2C)V_{m11}\\(2+C)V_{m11}\\(2+2C)V_{m11}\end{cases} \tag{3-9}$$

式中，x_m 为马达的调节参数，它由排量比例系数 C 决定，可以有八种不同的取值，但不难发现，当 C 取某些特殊值时，马达排量会出现重复现象。这里假设所取的 C 值使马达的八种排量各不相同，并做如下分析。

马达的转速可表示为

$$\begin{aligned}n_m&=\frac{q_m\eta_{mV}}{V_m}=\frac{q_p\eta_{lV}\eta_{mV}}{V_m}=\frac{V_{pmax}n_p(x_p-\Delta x_p)\eta_V}{x_mV_{m11}}\\&=K_{n2}\frac{(x_p-\Delta x_p)\eta_V}{x_m}\end{aligned} \tag{3-10}$$

式中　K_{n2}——常量，$K_{n2}=\dfrac{V_{pmax}n_p}{V_{m11}}$。

式(3-10) 为回路的转速特性方程，从中可以看出，若 x_m 确定了一个数值，则马达的转速就与 x_p 成正比关系，且该马达有八种调速范围，如图 3-5 所示为该调速回路特性曲线。

液压马达输出转矩的一般表达式为

$$M_m=V_m\Delta p_m\eta_{mm}=x_mV_{m11}\Delta p_m\eta_{mm}=K_{m2}x_m \tag{3-11}$$

式中　K_{m2}——常量，$K_{m2}=V_{m11}\Delta p_m\eta_{mm}$。

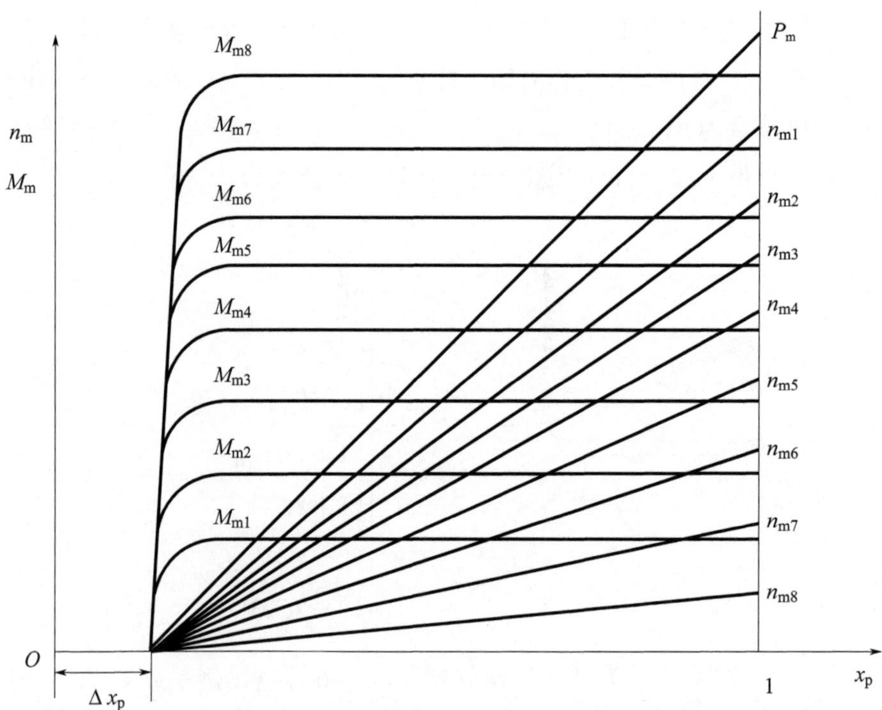

图 3-5　变量单泵定量多速马达闭式液压调速回路特性曲线

由转矩特性方程[式(3-11)]可知，液压马达的输出转矩与变量泵的调节参数 x_p 无关，与马达输出排量成正比。当 Δp_m 不变时，马达的输出转矩不变，所以这种调节方式称为恒转矩调节，同样，由于存在泄漏、机械摩擦，当 x_p 小到一定值时，M_m 也等于零。其特性曲线如图 3-5 所示。从图 3-5 中可以看出，马达可以分别在 M_{m1}、M_{m2}、M_{m3}、M_{m4}、M_{m5}、M_{m6}、M_{m7}、M_{m8} 八种转矩下进行转速的调节，即八级恒转矩的调速。

(2) 功率特性

根据负载特性的不同，一般有下列两种工况的功率。

① 负载转矩 M 恒定：为了简明地表达液压马达的输出功率，以下只考虑上述死区以外的实际工况，由式(3-10) 和式(3-11) 可以得到马达的输出功率为

$$P_m = M_m n_m = K_{m2} x_m K_{n2} \frac{(x_p - \Delta x_p)\eta_V}{x_m} = K_{N2}(x_p - \Delta x_p)\eta_V \tag{3-12}$$

式中　K_{N2}——常量，$K_{N2}=K_{m2}K_{n2}$。

由式(3-12) 可以看出，马达输出功率与该双定子马达的排量比例系数无关，当假设 η_V 不变时，液压马达的输出功率 P_m 就随调节参数 x_p 的增减呈线性增减，其特性曲线如图 3-5 所示。

② 负载功率恒定：当外负载的功率要求恒定时，马达的输出功率为

$$P_m=M_m n_m=C(\text{常量}) \tag{3-13}$$

将式(3-10) 代入式(3-13)，可得液压马达的输出转矩为

$$M_m=\frac{C}{n_m}=\frac{Cx_m}{K_{n2}(x_p-\Delta x_p)\eta_V}=K_m^1\frac{x_m}{(x_p-\Delta x_p)} \tag{3-14}$$

式中　K_m^1——常量，$K_m^1=\dfrac{C}{K_{n2}\eta_V}$。

当液压马达的输出功率一定时，该回路通过调节各马达的工作状况，可以使马达的输出转速和转矩按照八种不同的形式进行调节，在同等条件下，变量单泵定量多速马达系统实现了更高的转速和更小的转矩输出。扩大了转速和转矩的调节范围，提高了系统的性能。

负载功率恒定时回路的转矩及功率特性曲线如图 3-6 所示。

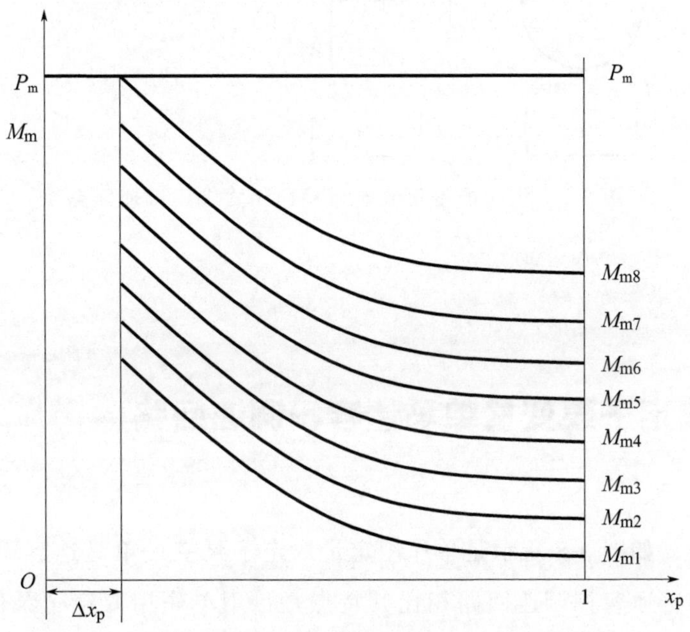

图 3-6　负载功率恒定时回路的转矩及功率特性曲线

3.2.4 与传统回路的比较

如图 3-7 所示为传统的变量泵定量马达闭式液压调速回路，图中所示的闭式液压调速回路通过调节变量泵的输出流量使回路达到调速的目的。如图 3-4 所示的新型回路是用双作用双定子马达取代传统的液压马达形成的可以输出多级转矩和转速的回路，它可以实现更高的转速和更小的转矩输出，增大了调速范围。

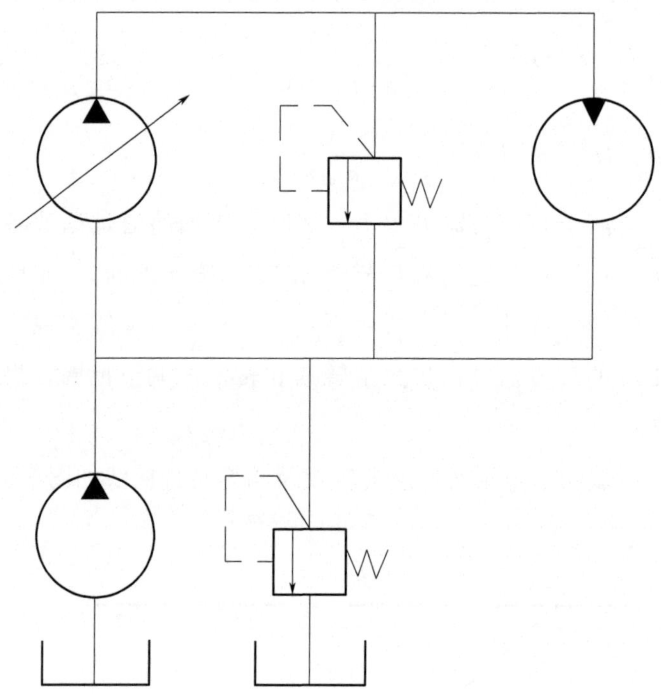

图 3-7 传统的变量泵定量马达闭式液压调速回路

3.3 单作用双定子泵变量单马达容积调速回路

如图 3-8 所示是单作用定量双定子泵变量单马达容积调速回路。与普通容积调速回路相比其特点是：用单作用双定子泵代替了普通的定量单泵，增加 2 个二位三通换向阀，根据变量单马达要求的不同速度来切换多泵的供油方式。再通过改变图中变量马达的排量 V_m，即可无级调节变量马达的转速和转矩。

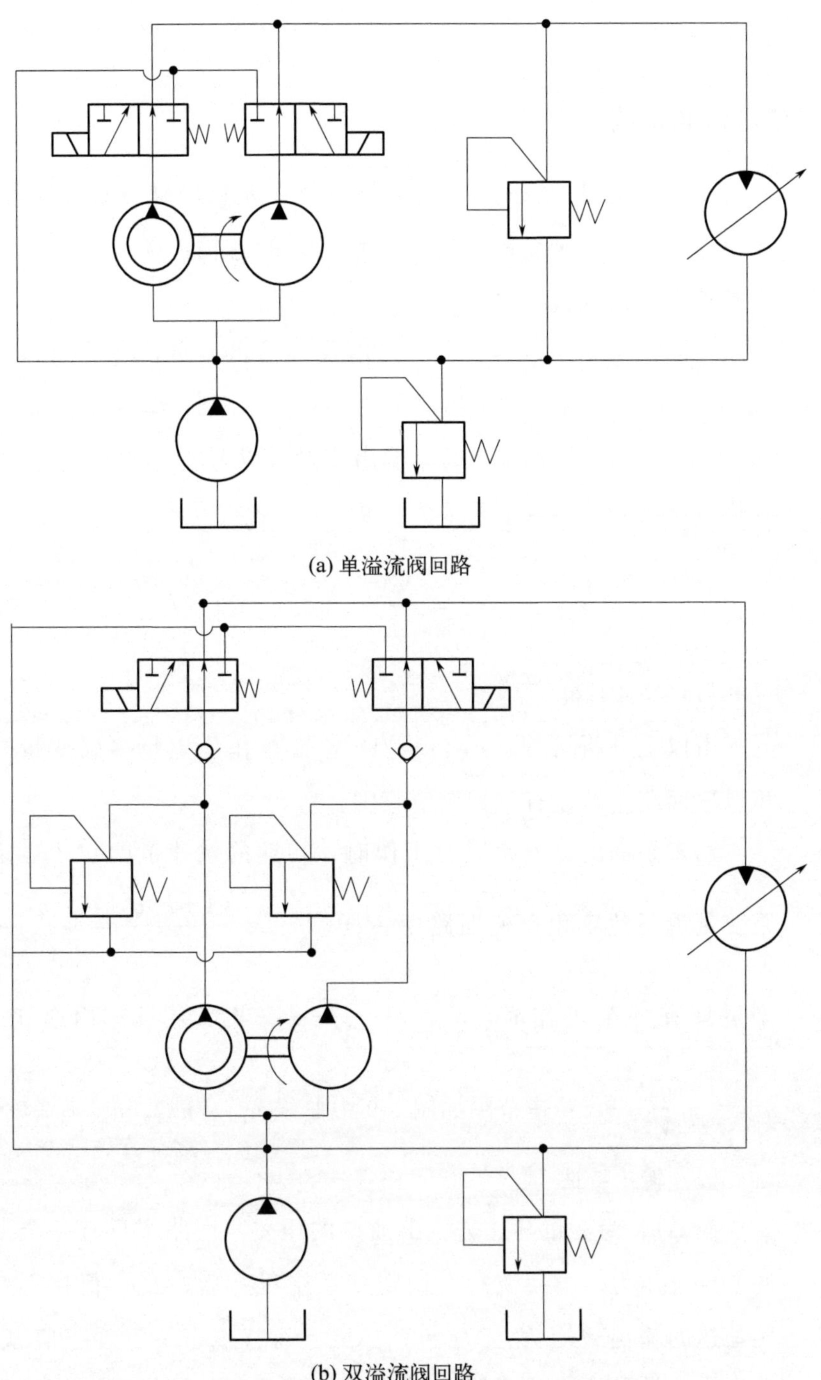

(a) 单溢流阀回路

(b) 双溢流阀回路

图 3-8　单作用定量双定子泵变量单马达容积调速回路

由图 3-8 可以看出，由多泵组成的单作用定量双定子泵变量马达容积调速回路有两种组成方式。下面分别根据图 3-8(a) 和图 3-8(b) 两种工作原理来分析，并与普通定量单泵变量马达容积调速回路进行比较。

3.3.1 单溢流阀情况

令普通定量单泵变量马达调速回路中定量单泵的输出流量是 q_B，令单作用定量多泵变量马达中定量多泵的总输出流量也是 q_B，以此为基点进行比较分析。

如图 3-8(a) 所示，设 q_1 是内泵的输出流量，q_2 是外泵的输出流量，k 是外泵和内泵输出流量比（$k>1$），则 kq_1 是外泵输出流量，那么 $q_1+kq_1=q_B$ 是多泵的总输出流量。以 V_{mmax} 表示变量马达的最大排量，则马达的调节参数 x_m 为

$$x_m=\frac{V_m}{V_{mmax}} \quad 0\leqslant x_m\leqslant 1 \tag{3-15}$$

(1) 转速特性

由以上分析可得，$n_m=q_B/V_m$，在单作用定量多泵变量马达容积调速回路中转速有三种调节范围。

当多泵的内、外泵同时工作时，转速的调速范围和普通定量单泵变量单马达容积调速回路中一样，$n_{m1}=\frac{(1+k)q_1}{V_m}=\frac{q_B}{x_mV_{mmax}}$；当多泵只有外泵工作时，$n_{m2}=\frac{kq_1}{x_mV_{mmax}}$；当多泵只有内泵工作时，$n_{m3}=\frac{q_1}{x_mV_{mmax}}$，转速范围如图 3-9 中曲线 n_{m1}、n_{m2}、n_{m3} 所示。

(2) 转矩特性

设 Δp_m 为变量马达进、出油口的压差，回路中只有一个溢流阀调节系统压力，当溢流阀 3 调定好系统压力后，Δp_m 保持不变，液压马达的输出转矩为：$M_m=V_m\Delta p_m=x_mV_{mmax}\Delta p_m$，可知转矩随着液压马达排量的增减而线性增减，多泵三种流量的输出的变化对转矩输出没有影响。转矩曲线如图 3-9 中 M_m 所示。

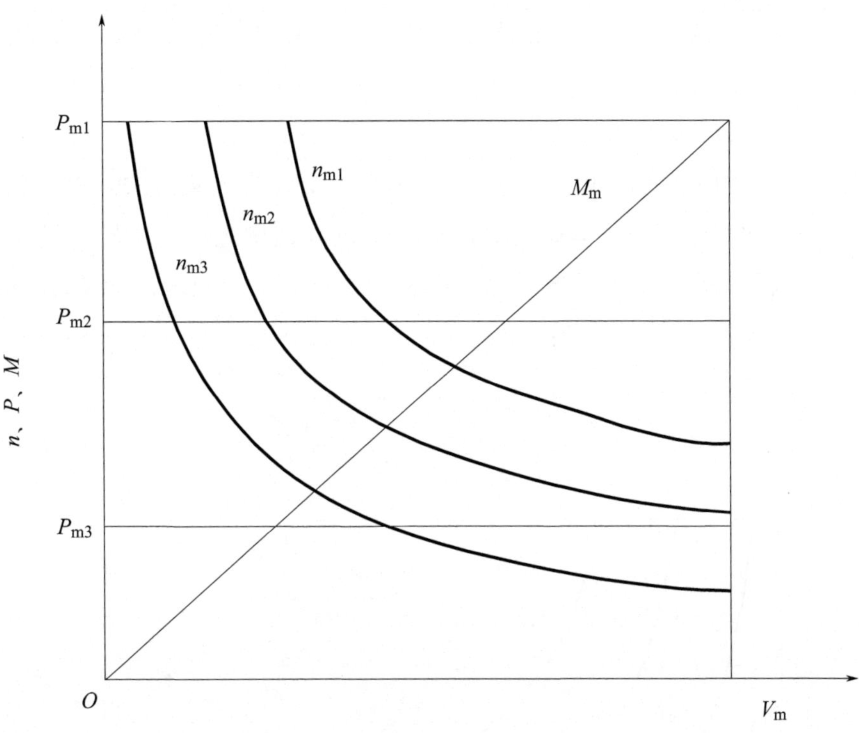

图 3-9　单溢流阀回路工作特性

(3) 功率特性

由 $P_m = n_m M_m = q_B \Delta p$ 可知，液压马达的输出功率 P_m 由多泵的输出流量 q_B 来决定，定量单作用多泵有三种流量输出，因此在液压马达进、出口压力差不变的情况下该回路有三级恒功率。当多泵的内、外泵同时工作时，功率特性和普通定量单泵变量单马达容积调速回路中一样，此时 $P_{m1} = (1+k) q_1 \Delta p$；当多泵只有外泵工作时，$P_{m2} = k q_1 \Delta p$；当多泵只有内泵工作时，$P_{m2} = q_1 \Delta p$。功率特性曲线如图 3-9 中 p_{m1}、p_{m2}、p_{m3} 所示。

3.3.2 双溢流阀情况

在定量单泵输出流量和多泵输出流量都是 q_B 的基础上，再令普通定量单泵变量马达容积调速回路中液压马达的输出功率是 P，令单作用定量多泵变量马达中液压马达的输出功率也是 P，以此为基点进行比较分析。

如图 3-9(b) 所示，设 q_1 是内泵输出流量，q_2 是外泵的输出流量，k 是外泵和内泵输出流量比（$k>1$），则 kq_1 就是外泵的输出流量，那么 $q_1+kq_1=q_B$ 就是多泵的总输出流量。

(1) 转速特性

由 $n_m=q_B/V_m$ 可知，转速和多泵的输出流量有关，由比较前提可知双溢流阀的单作用双定子泵变量马达调速回路中转速的调节范围与单溢流阀的情况一样，不再详细分析，转速范围如图 3-10 中曲线 n_{m1}、n_{m2}、n_{m3} 所示。

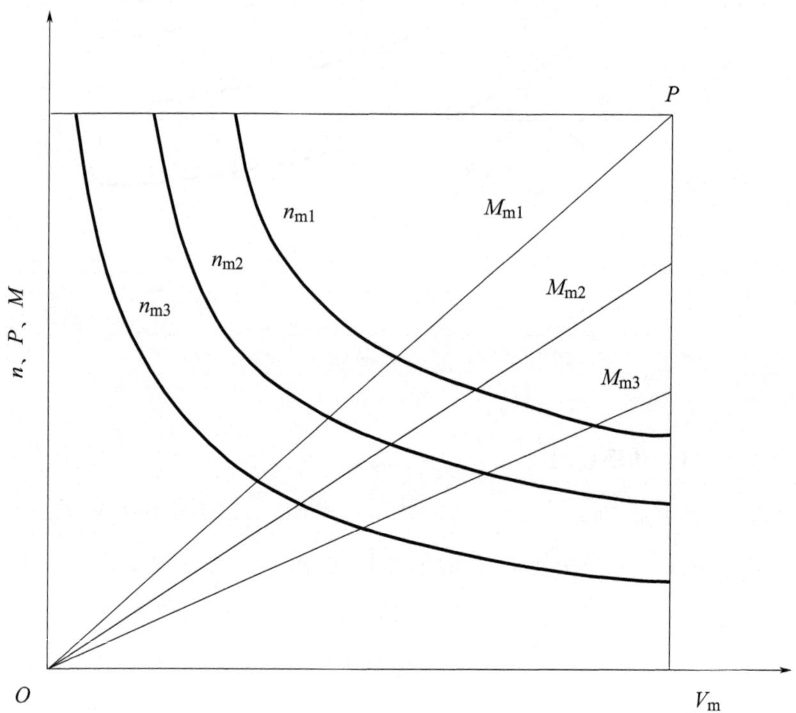

图 3-10 双溢流阀回路工作特性

(2) 转矩特性

由前提马达输出恒功率 $P_m=n_mM_m=P$，可得出此时转矩也有三种调节范围。当多泵的内、外泵同时工作时，$M_{m1}=\dfrac{Px_mV_{mmax}}{(1+k)q_1}$；当多泵只有外泵工作时，$M_{m2}=\dfrac{Px_mV_{mmax}}{kq_1}$；当多泵只有内泵工作时，

$M_{m3}=\frac{Px_mV_{mmax}}{q_1}$。转矩特性曲线如图 3-10 中 M_{m1}、M_{m2}、M_{m3} 所示。

(3) 功率特性

由前提已将马达定为恒功率 P，可知该回路可以实现单级恒功率，如图 3-10 所示。

3.4 双作用双定子泵变量单马达容积调速回路

如图 3-11 所示是基于双作用双定子泵的容积调速回路系统原理。与普通容积调速回路相比其特点是：用双作用双定子泵代替了普通的定量单泵，增加 4 个二位三通换向阀，切换多泵的供油方式可以输出多种不同的恒流量，再通过调节变量马达的排量使液压马达可以输出多种调速范围。

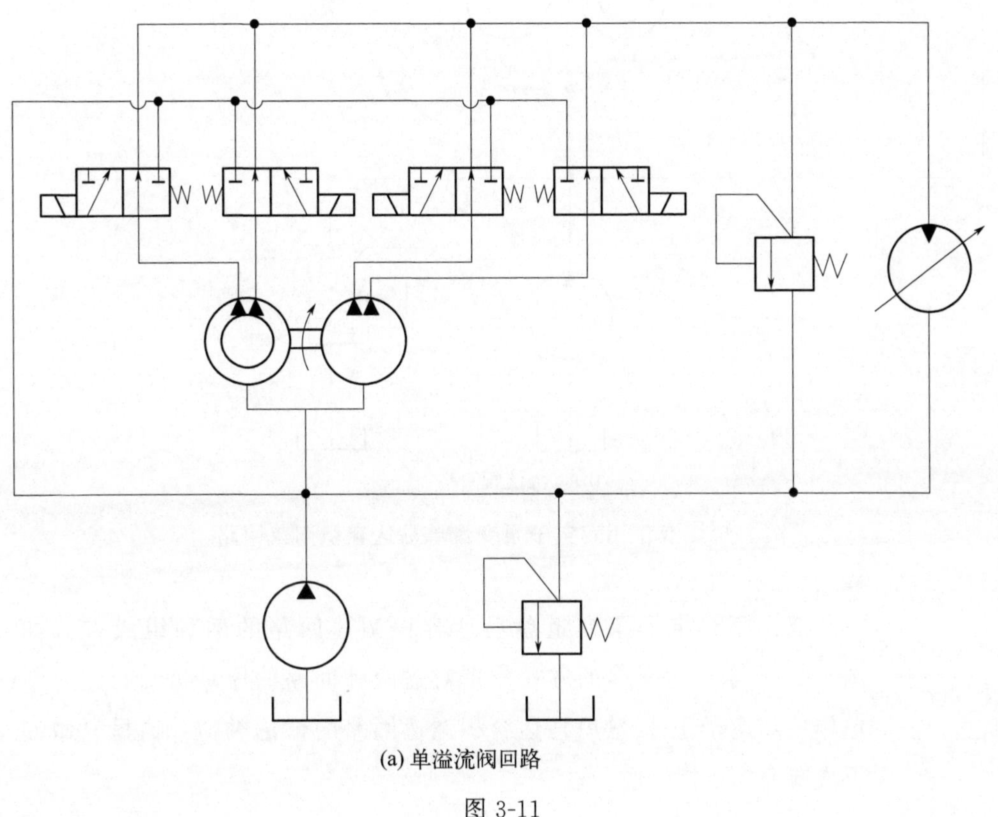

(a) 单溢流阀回路

图 3-11

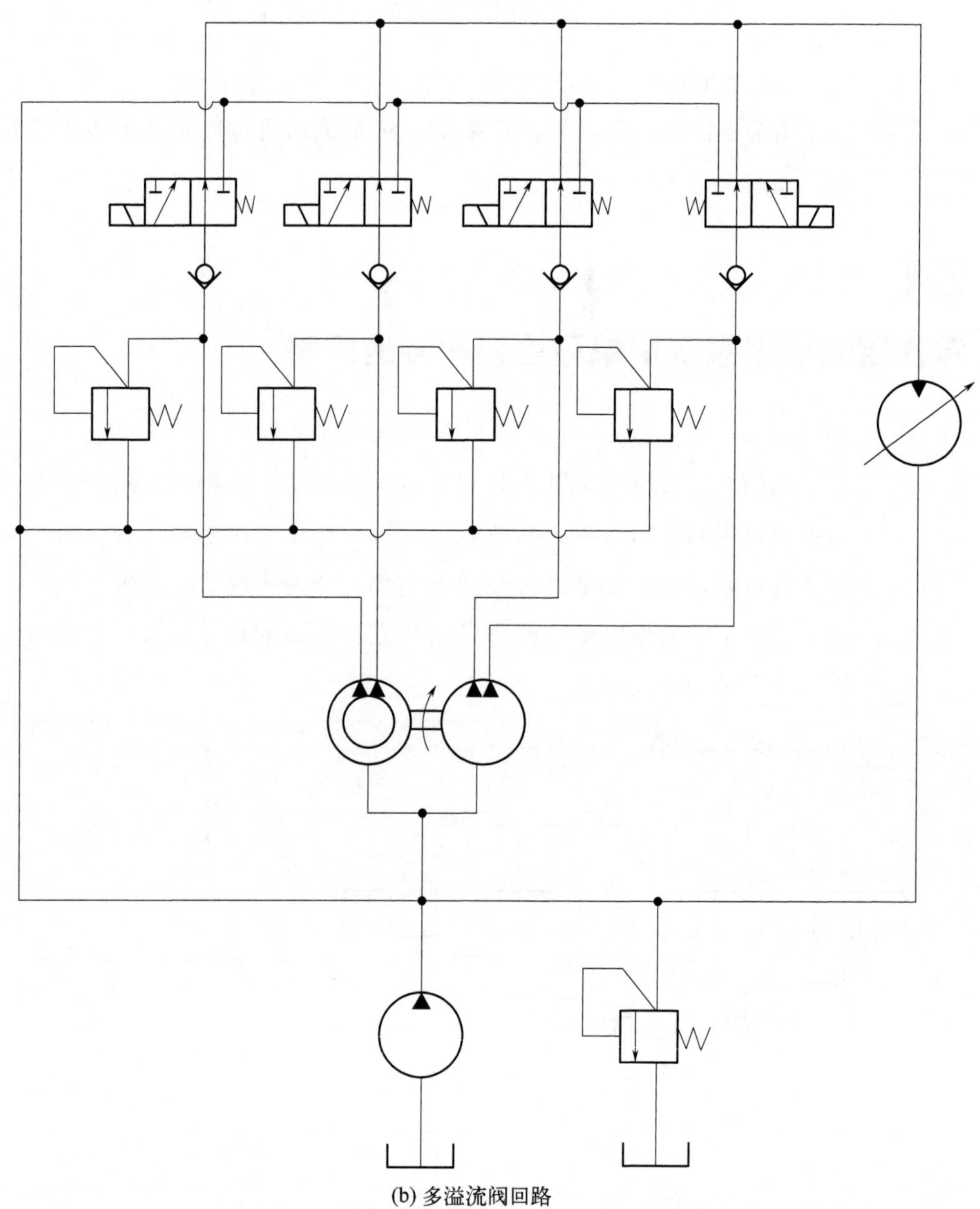

(b) 多溢流阀回路

图 3-11 双作用双定子泵变量单马达容积调速回路

双作用双定子泵变量单马达容积调速回路的两种组成方式如图 3-11 所示，以同样的方式分别对这两种回路的原理进行讨论，与单作用双定子泵-变量单马达容积调速回路的讨论类似，这里只做如下简要介绍。

在前面对多泵的分析中可以得知，双作用多泵共有两个内泵和两个外泵，不考虑内、外泵排量比例系数的影响，流量输出共有 8 种：一个内泵输出时，流量为 q_1；一内和一外时，流量为$(1+k)q_1$；一内泵两外泵时，流量为$(1+2k)q_1$；两个内泵时，流量为 $2q_1$；两内一外时，流量为$(2+k)q_1$；两内两外时，流量为$(2+2k)q_1$；一个外泵时，流量为 kq_1；两个外泵时，流量为 $2kq_1$。

通过对双作用多泵流量的简要分析，得出以下结论。

(1) 单溢流阀情况下

该新型回路具有 8 种转速范围，可实现 8 级恒功率调节，转矩与多泵流量输出的变化无关，仍和原来一样呈线性变化。其工作特性曲线如图 3-12(a) 所示。

(2) 多溢流阀情况下

该新型回路具有同样的 8 种转速范围，8 种呈线性变化的转矩，功率是恒定的。其工作特性曲线如图 3-12(b) 所示。

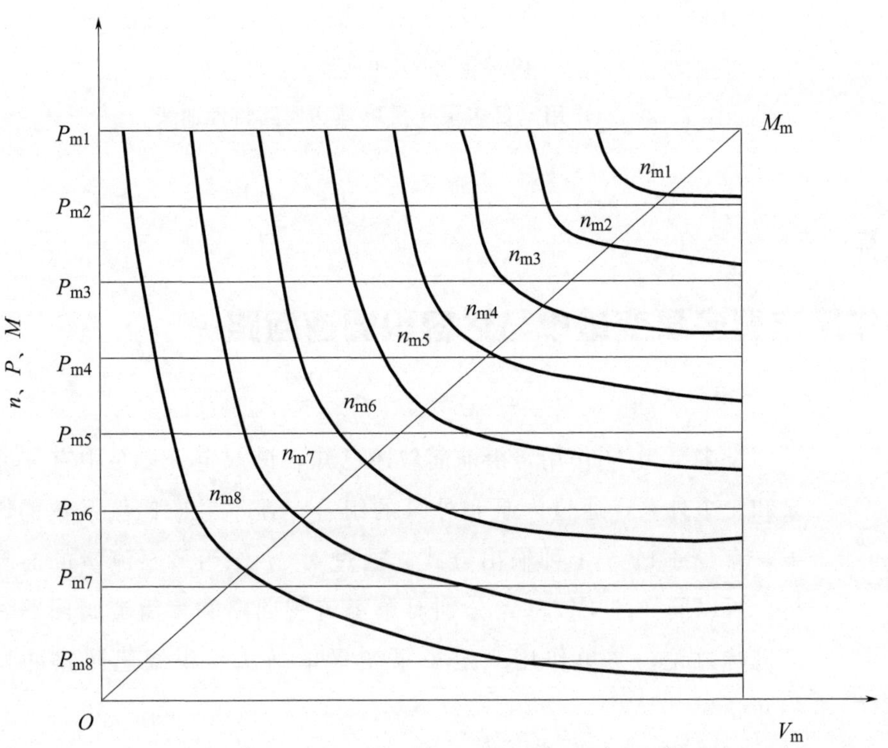

(a) 单溢流阀回路工作特性

图 3-12

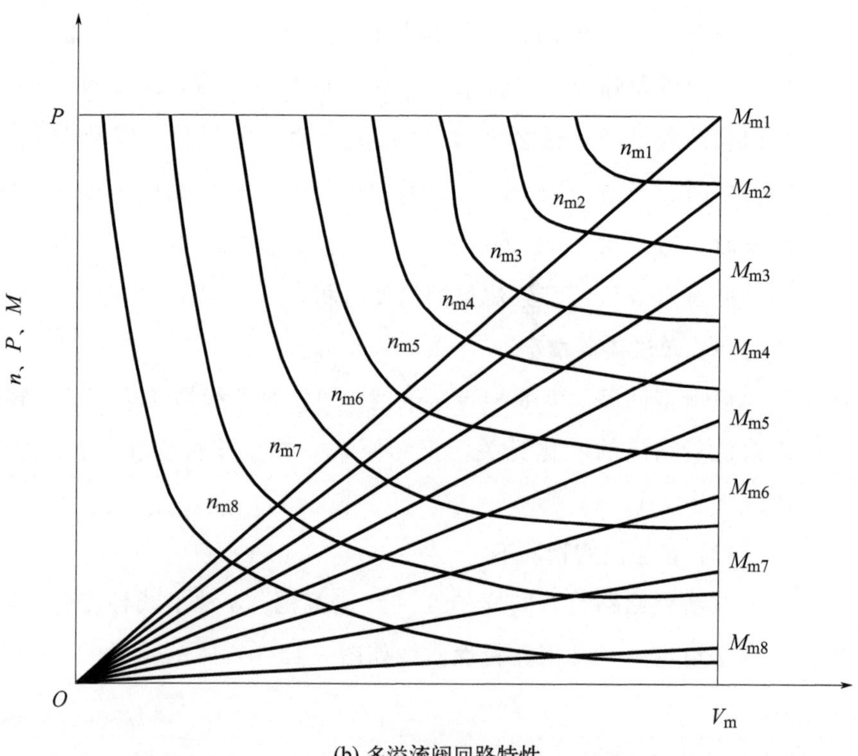

(b) 多溢流阀回路特性

图 3-12　双作用定量多泵变量单马达回路特性曲线

3.5 多作用定量多泵变量单马达容积调速回路

设多泵为 N 作用，由前面叙述已知，该双定子多泵中有 n 个内泵和 n 个外泵，通过内泵和外泵的组合，在不考虑比例系数的影响下，有 $(n+1)^2-1$ 种输出方式。通过对 N 作用多泵流量的简要分析，再以同样的比较基点分别对单溢流阀回路和多溢流阀回路的原理进行讨论，与单作用双定子泵变量单马达容积调速回路的讨论相同。

(1) 单溢流阀情况下

该新型回路具有 $(n+1)^2-1$ 种转速范围，$(n+1)^2-1$ 级恒功率，转矩仍与多泵输出流量无关，和原来一样呈线性变化。其工作特性曲线与图 3-9 和图 3-12(a) 是相同的原理。

(2) 多溢流阀情况下

该新型回路具有同样的$(n+1)^2-1$种转速范围，$(n+1)^2-1$种呈线性变化的转矩，功率是恒定的。其工作特性曲线与图 3-10 和图 3-12(b) 是相同的原理。

通过以上的简要分析得出：定量多泵变量单马达容积调速回路，主要有两种类型，分别是单溢流阀情况的和多溢流阀情况。讨论前提不变：在单溢流阀情况下，该新型回路有多个转速调节范围和可以实现多级的恒功率调节，保持了原有的转矩特性；在多溢流阀情况下，该新型回路也有多个同样的转速调节范围和多种呈线性变化的转矩，并保持了恒功率特性。

3.6 多泵多速马达液压调速回路与传统回路对比

3.6.1 传统定量单泵变量单马达容积调速回路

如图 3-13(a) 所示为定量单泵变量单马达容积调速回路原理，此回路中液压泵只能输出一种恒流量，通过调节变量马达的排量 V_m 来实现调速。

(1) 转速特性

在不考虑回路泄漏的情况下，液压马达的转速 n_m 为 $n_m=q_B/V_m$，式中，q_B 为定量泵的输出流量。对于该调速回路，只能通过调节排量 V_m 改变马达的转速 n_m，但 V_m 不能调得过小（否则输出转矩太小，不能带动负载)，限制了转速的增大，这种调速回路的调速范围较小，如图 3-13(b) 所示。

(2) 转矩特性

液压马达的输出转矩为 $M_m=V_m\Delta p$，该式表明：马达的输出转矩 M_m 与其排量 V_m 成正比。当液压马达的进、出口压力保持不变时，由于马达的排量 V_m 是可变的，所以输出的转矩也是随马达排量

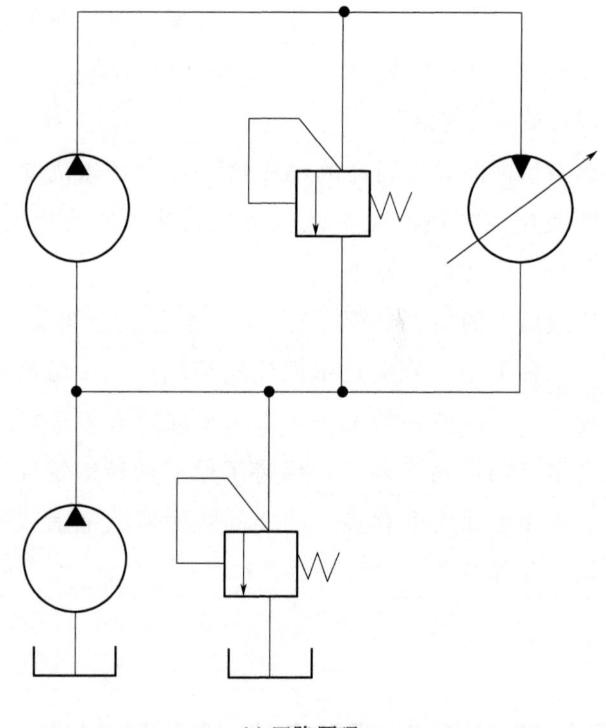

(a) 回路原理

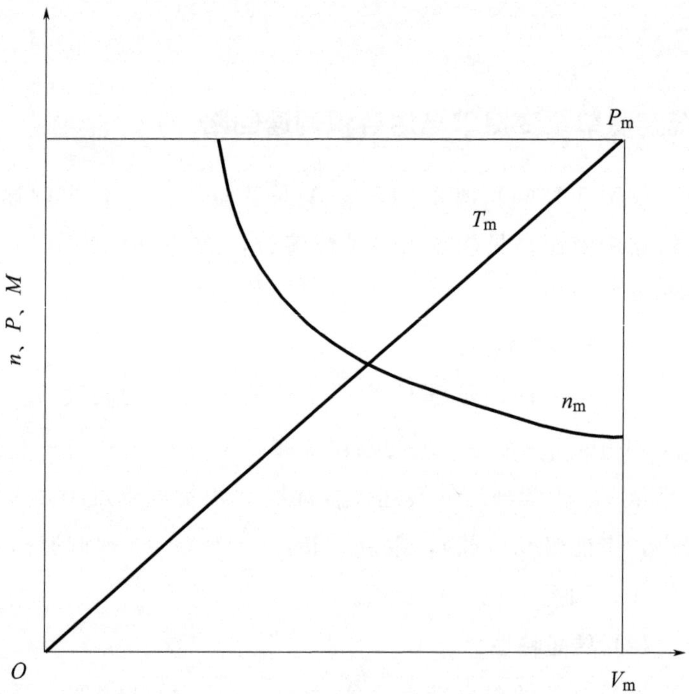

(b) 工作特性曲线

图 3-13 定量单泵变量马达容积调速回路

呈线性变化的，并且随着液压马达的排量增减而增减，如图 3-13(b) 所示。

(3) 功率特性

液压马达的输出功率：$P_m = n_m M_m = q_B \Delta p$，当液压马达的进、出口压力不变时，液压马达的输出功率 P_m 由定量泵的输出流量 q_B 来决定，由于定量泵的输出流量是一定的，所以该回路是恒功率回路，如图 3-13(b) 所示。

3.6.2 新型回路与传统回路比较

根据以上的分析，可看出定量多泵变量单马达容积调速回路改变了原来定量单泵变量单马达系统调速范围较小的弊端，增加了一定的调速范围，和单泵相比多出了可选择的转速范围曲线。

在单个溢流阀的调速回路中，也多出了可以调节的功率曲线，功率不再单一，可以在恒定的几个数值中选择，有高、中、低多种，可以实现多级恒功率。而原来的定量单泵变量单马达容积调速回路若想改变功率，就要更换泵（或大输出泵或小输出泵），两种回路相比较，定量多泵变量单马达容积调速回路减少了泵的流量损失，可以满足一泵多求。

在多个溢流阀的调速回路中，其功率在唯一恒定的情况下，转矩有多种变化范围，和单泵相比增大了转矩的调节范围，同时使该回路在恒功率情况下实现了低转速大转矩和高转速小转矩的优势，而原来的恒功率回路无法满足这种要求。

3.7 变量双定子泵定量双定子马达容积调速回路

如图 3-14 所示为变量双定子泵定量双定子马达容积调速回路，分别用双定子变量泵和双定子定量马达替换传统的泵和马达。这里的变量双定子泵，由内、外两个变量泵组成，通过调节转子与定子的偏心即可实现内、外泵同时变量。两个泵可以同时工作也可以单独工作，两个泵的工作状况分别由相应的溢流阀和换向阀来控制。

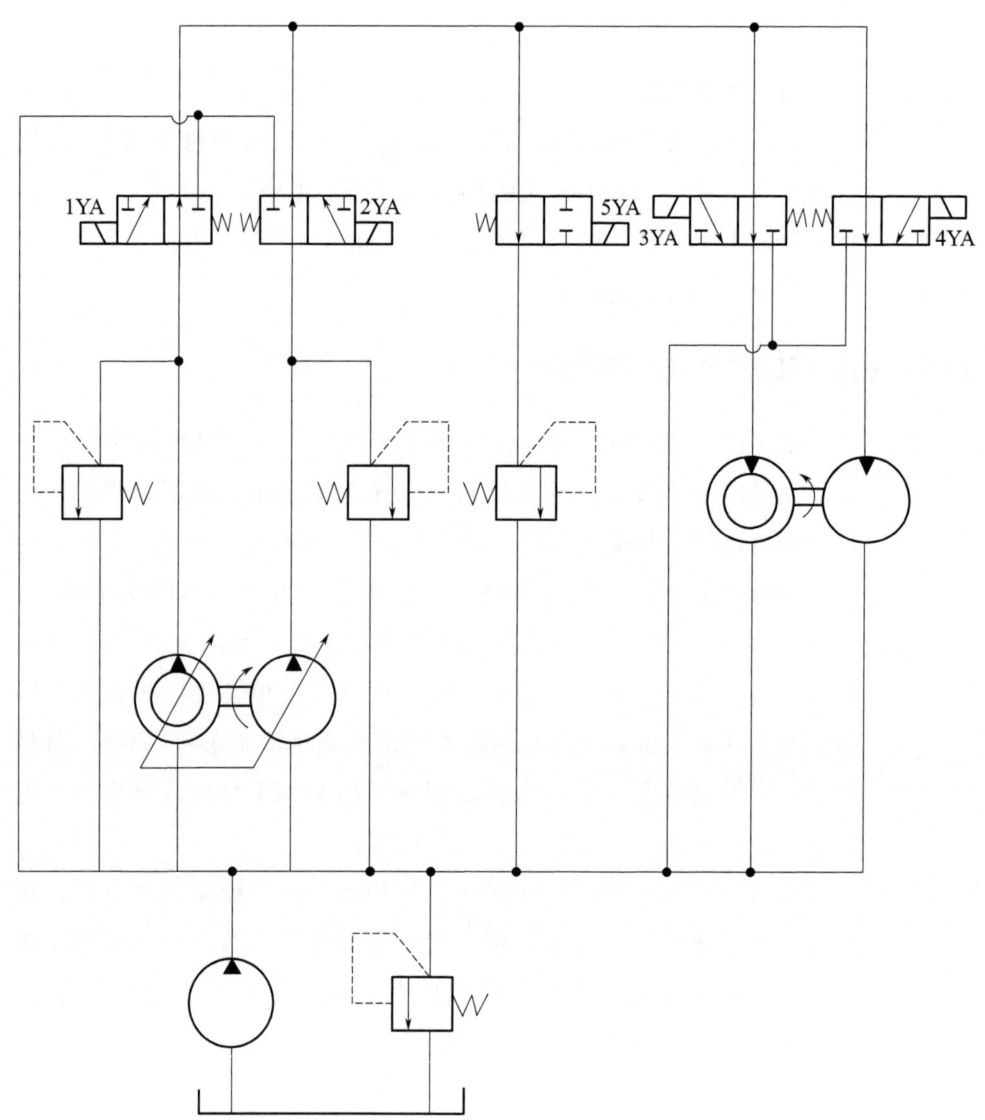

图 3-14 变量双定子泵定量双定子马达容积调速回路

这里假定变量多泵的最大排量与变量单泵相等，即变量泵的调节范围相同。单作用双定子变量泵有 3 种工作方式，单作用定量双定子马达有 3 种工作方式，所以，该回路可以使马达实现 9 种方式的转速和转矩调节。变量双定子泵/定量双定子马达调速回路的工作情况见表 3-3。

从表 3-3 可以看出，通过调节双定子泵和马达的工作状态，变量双定子泵/定量双定子马达回路可以使马达实现 9 级恒转矩调节，如

图 3-15(a) 所示为 9 种恒转矩下马达输出转速的特性曲线。

表 3-3　变量双定子泵/定量双定子马达调速回路的工作情况

换向阀工况					工作马达	工作泵	转矩	转速
1YA	2YA	3YA	4YA	5YA				
−	+	−	+	+	内马达	内泵	M_{m11}	n_{m11}
+	−	−	+	+	内马达	外泵	M_{m12}	n_{m12}
−	−	−	+	−	内马达	内、外泵	M_{m13}	n_{m13}
−	+	+	−	+	外马达	内泵	M_{m21}	n_{m21}
+	−	+	−	+	外马达	外泵	M_{m22}	n_{m22}
−	−	+	−	−	外马达	内、外泵	M_{m23}	n_{m23}
−	+	−	−	+	内、外马达	内泵	M_{m31}	n_{m31}
+	−	−	−	+	内、外马达	外泵	M_{m32}	n_{m32}
−	−	−	−	−	内、外马达	内、外泵	M_{m33}	n_{m33}

注：电磁铁得电用“+”表示，电磁铁失电用“−”表示。

当马达在恒功率调节时，M_m 与多马达的排量 V_m、变量多泵的排量 V_p 有关。在回路压力保持恒定时，通过控制内、外马达的工作状态，单作用双定子马达可以输出 3 种不同的排量。当控制变量双定子泵的工作状况时，可使泵输出 3 种压力和 3 种流量的液压油，所以该回路中马达输出转矩的曲线为 9 条反函数曲线，对应的转速为 9 条不同斜率的直线，如图 3-15 (b) 所示。

由于 N 作用多马达可以实现$(n+1)^2-1$ 种不同的组合形式，所以，对于双定子泵/N 作用双定子马达回路，通过控制阀的调节，可以使双定子马达有 $3n$ 种不同的转速和转矩调节方式，从而扩大马达的转速和转矩调节范围和形式，使得回路适用于更为复杂的工况要求。

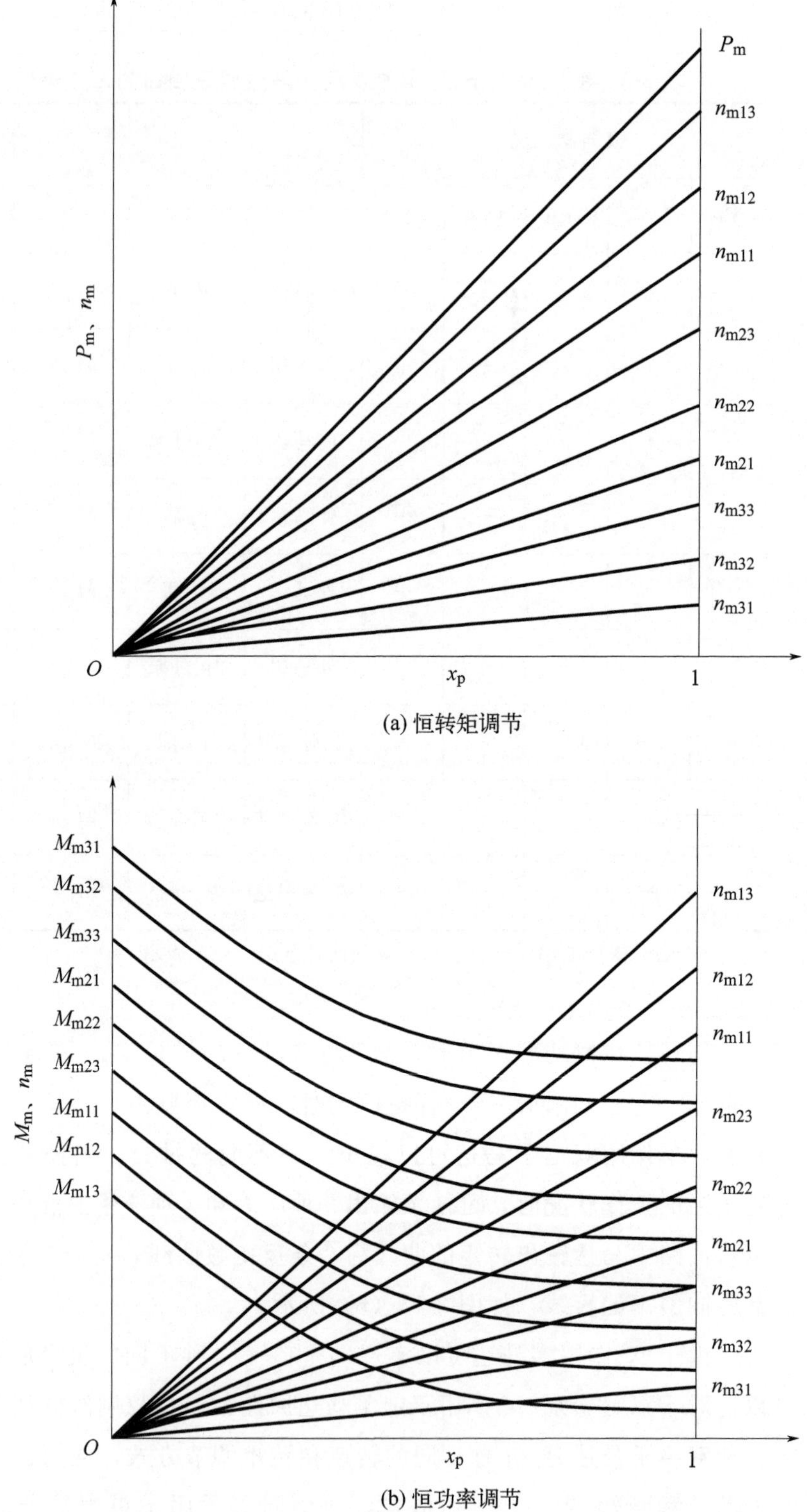

(a) 恒转矩调节

(b) 恒功率调节

图 3-15 变量多泵/单作用定量多马达回路特性曲线

如图 3-16 所示也是一种多泵控制的新型回路，当换向阀处在左位时，双定子泵的内泵 1 为变量马达 4 供油，同时外泵 2 为变量马达 3 供油，这样实现了一个泵体可以同时以一定的比例（由排量比例系数决定）向两个互不干扰的马达体供油，且两个变量马达都可以通过调节变量参数实现输出速度的调节；当换向阀处在右位时，双定子泵的内泵 1 为变量马达 3 供油，同时外泵 2 为变量马达 4 供油，这样就增大了两个马达的调速范围。

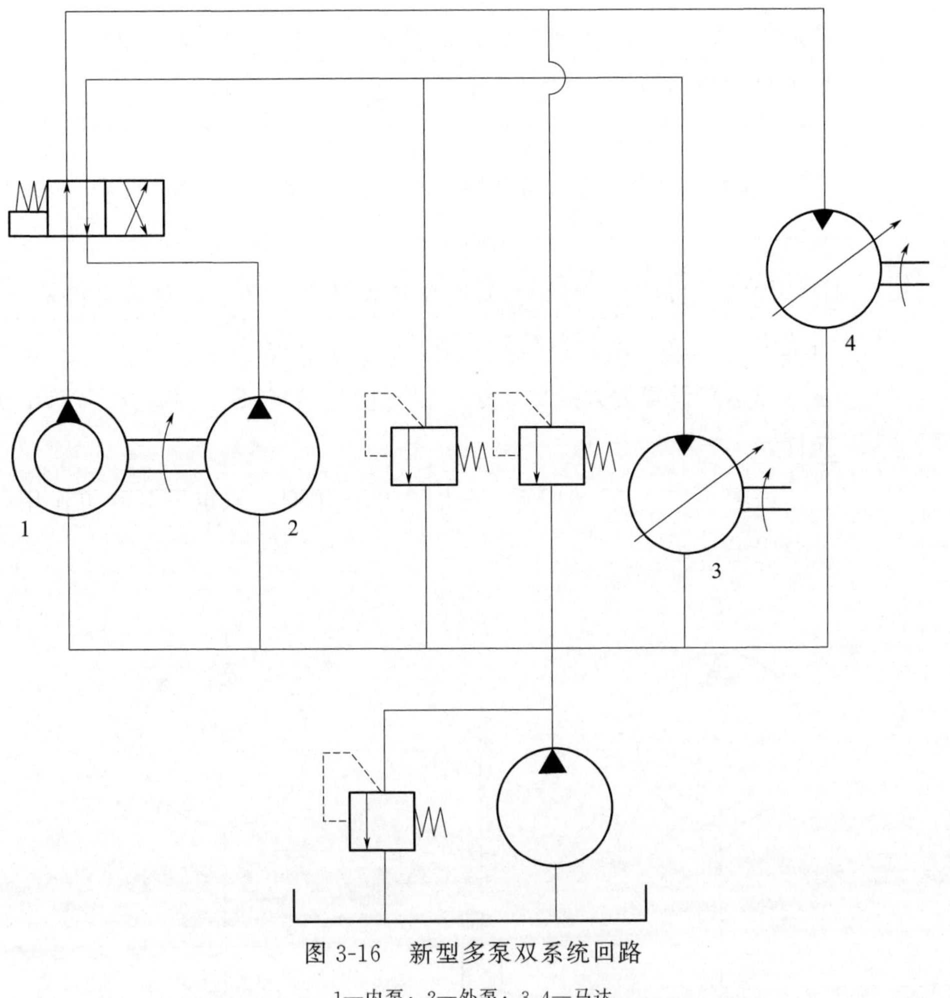

图 3-16　新型多泵双系统回路

1—内泵；2—外泵；3,4—马达

由图 3-16 可以看出，该回路实现了一个泵供应两个互不相关的系统，同理多作用双定子泵也可以实现一个泵供应多个系统，具有很广泛的应用范围。

3.8 单泵多速马达速度换接回路仿真实例

3.8.1 双定子元件的表示方式

双定子泵和马达是一种新型的液压泵和马达，AMESIM 现有的液压库并没有双定子泵和马达的模型，需要用液压库里的模型和机械库里的模型组合成双定子泵和马达的模型。双定子泵和马达仿真模型如图 3-17 所示。

如图 3-17(a) 所示为单作用定量双定子泵，左边为内泵，右边为外泵。

如图 3-17(b) 所示为单作用定量双定子马达，左边为内马达，右边为外马达。设置参数时，将内泵（马达）设置为小排量，将外泵（马达）设置为大排量。这样就可以在 AMESIM 中表示出双定子元件。

如图 3-17(c)、(d) 所示分别为单作用变量双定子泵和单作用变量双定子马达。

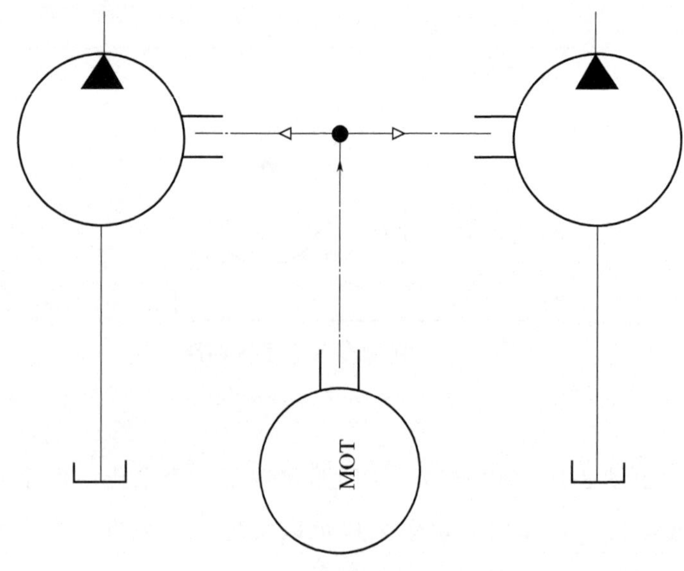

(a) 单作用定量双定子泵

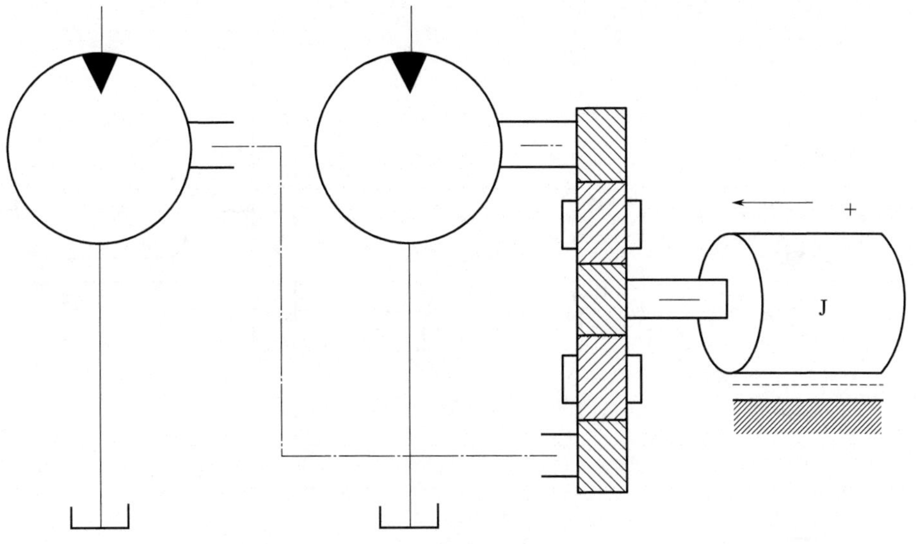

(b) 单作用定量双定子马达

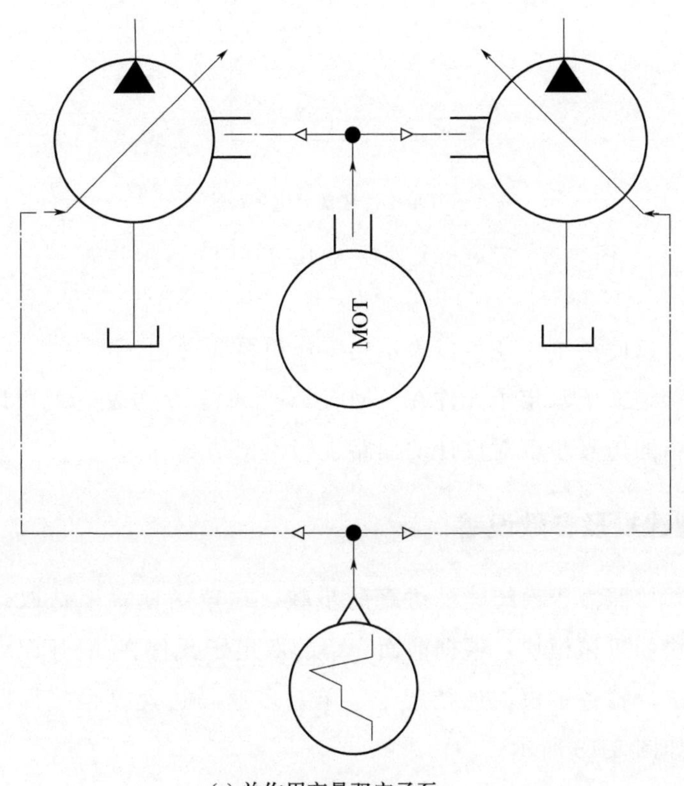

(c) 单作用变量双定子泵

图 3-17

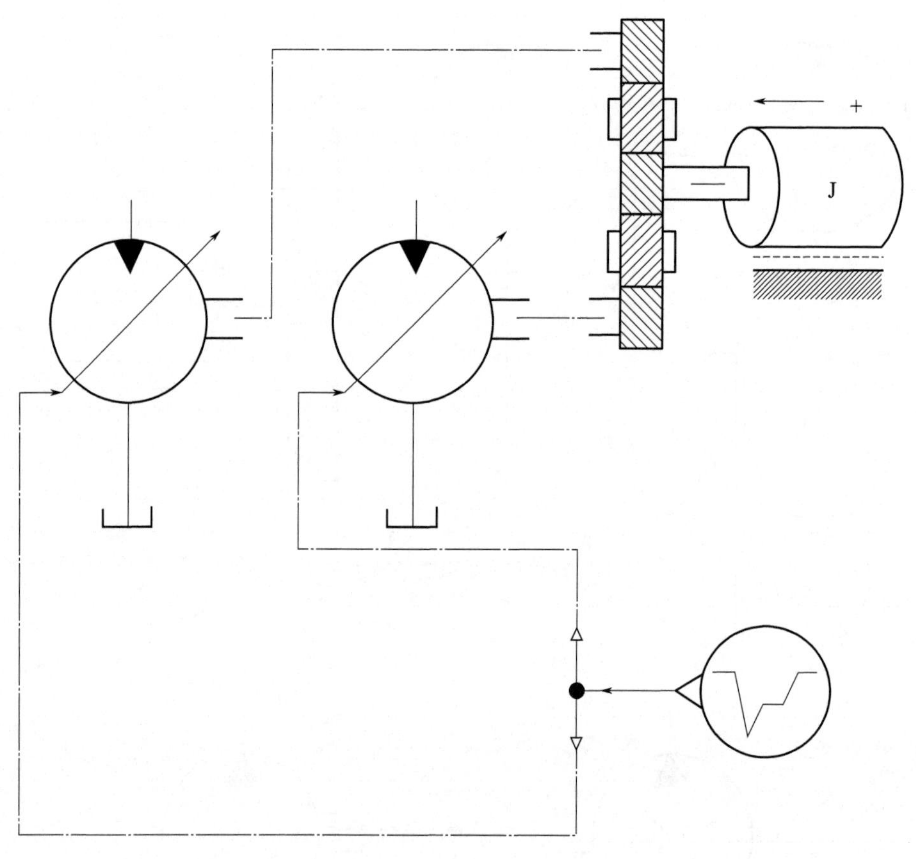

(d) 单作用变量双定子马达

图 3-17 双定子元件在 AMESIM 中的表示方法

以此类推，还可以表示出多作用泵和马达。

定义了双定子元件在 AMESIM 中的表示方法，就可以根据前面介绍的仿真步骤对设计的回路进行模拟仿真。

3.8.2 模型建立及参数设置

按照液压系统建模仿真的步骤，在草图模式下选取合适的液压模块和机械模块，根据前面介绍的双定子元件在 AMESIM 中的表示方法，将各个模块连接起来。单泵多速马达速度换接回路的仿真模型如图 3-18 所示。

对模型中各个元件的参数进行设置：电机转速 1000r/min，液压泵排量 25mL/r，内马达的排量 15mL/r，外马达的排量 50mL/r，溢

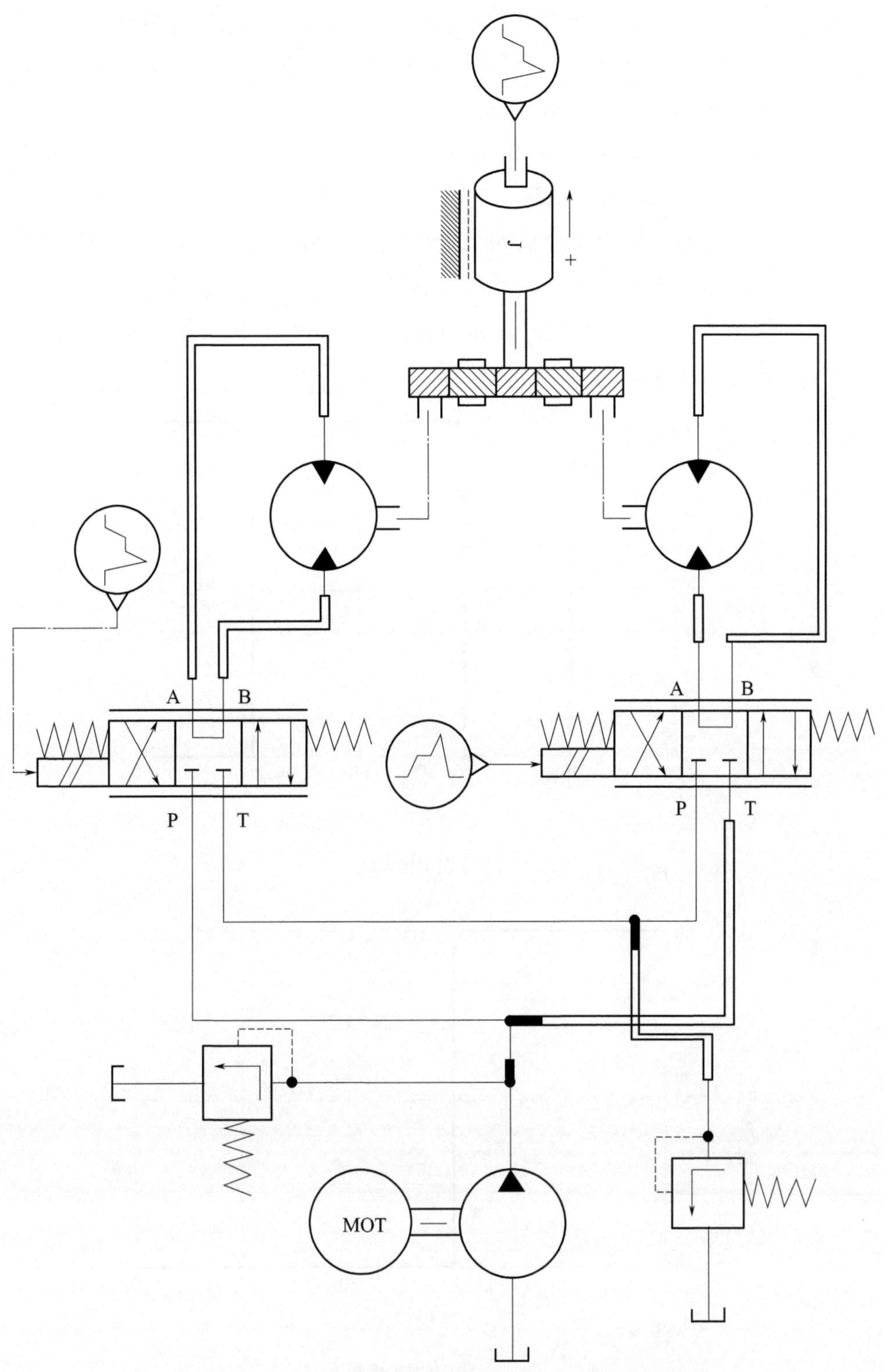

图 3-18　单泵多速马达速度换接回路的仿真模型

流阀调定压力 150bar（1bar＝10^5Pa，下同），溢流阀流量压力梯度 100L/（min·bar），左侧换向阀的额定流量 27L/min，右侧换向阀的额定流量 87L/min，换向阀压降 0.5bar，阀门控制电流 40mA，换向频率 120Hz，马达输出轴的转动惯量 0.1kg·m^2，摩擦系数 0.001N·m/（r/min）。

该回路用两个换向阀控制内、外马达进油口的通断情况，开始时两个阀都处于中位，此时马达处于停机状态，然后通过调节控制两个换向阀的输出信号，使马达处于不同的工作状态，如图 3-19 所示为两个换向阀的控制信号变化。

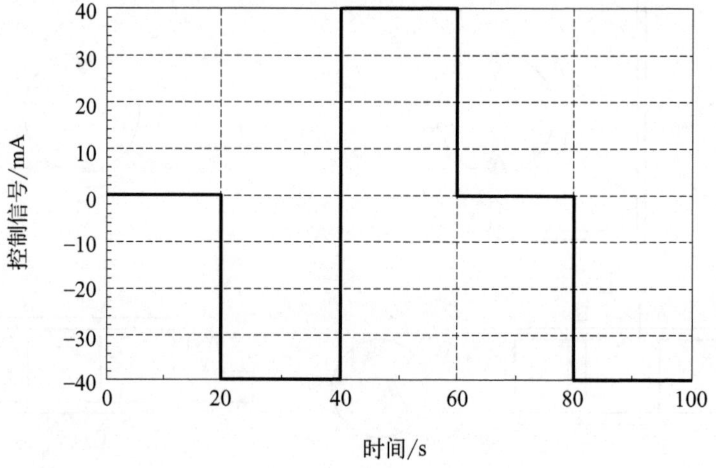

(a) 左侧换向阀

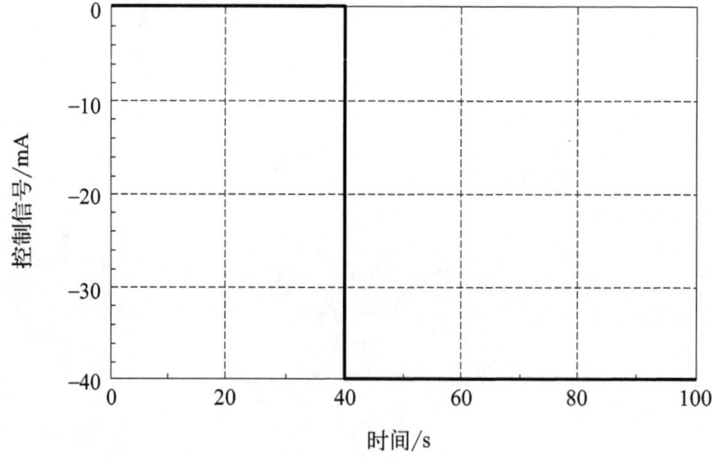

(b) 右侧换向阀

图 3-19　两个换向阀的控制信号变化

从图 3-18 和图 3-19 中可以看出，马达运行了五个工作状况，分别是停机、内马达单独工作、差动连接、外马达单独工作以及内、外马达同时工作，每种工作状态运行 20s。

3.8.3 仿真结果分析

给马达设定一个外负载，若设定此外负载恒为 9N·m，仿真时间设为 100s，采样周期为 0.001s，运行软件，得出马达在不同工况下的转速输出如图 3-20 所示。

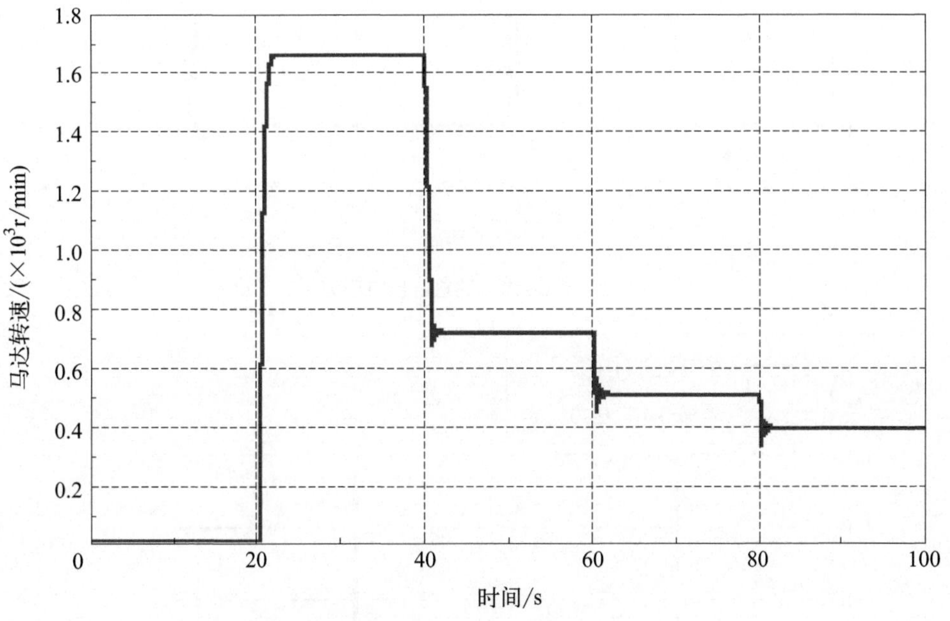

图 3-20　马达在不同工况下的转速输出

从图 3-20 可以看出，马达在 4 种工作状态下可以输出 4 种不同的转速，在 20～40s 时，只有内马达工作，此时马达输出转速最高；在 80～100s 时，内、外马达同时工作，此时马达输出转速最低。这样只通过改变工作内、外马达的工作状况就能实现马达转动的速度换接。

如图 3-21 所示为负载恒为 9N·m 时内、外马达进、出口压力曲线。

对图 3-21 的仿真结果进行分析：

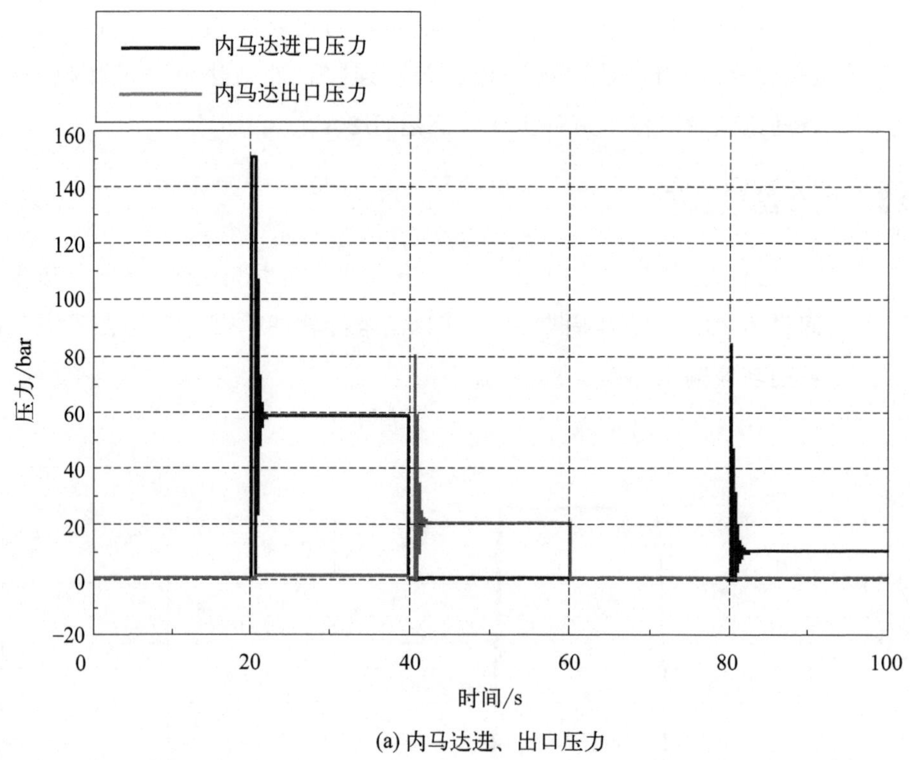

(a) 内马达进、出口压力

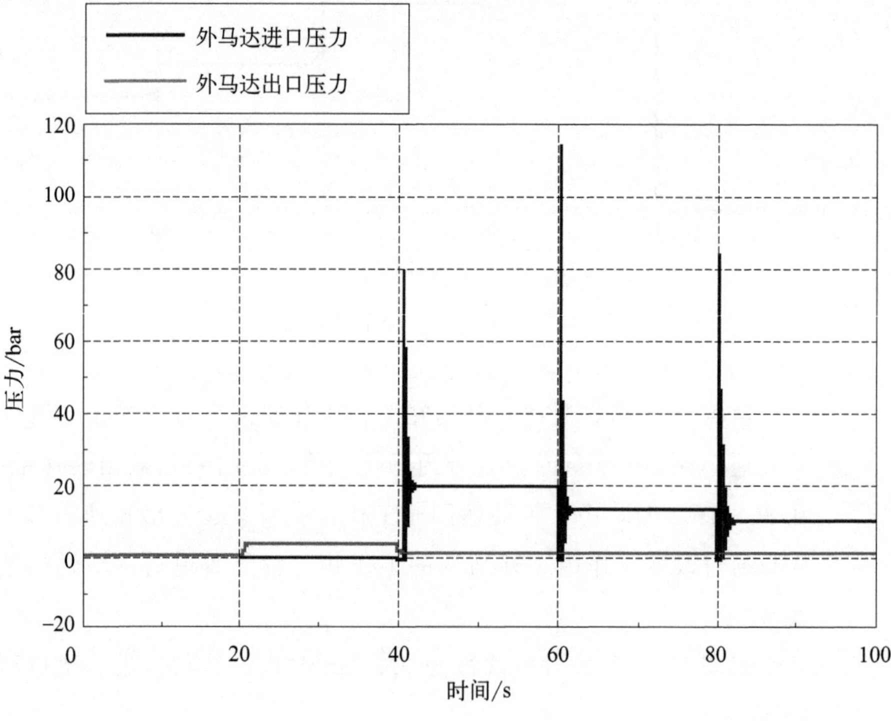

(b) 外马达进、出口压力

图 3-21　负载恒为 9N·m 时内、外马达进、出口压力曲线

0～20s 内，液压马达停机，液压油经安全阀流回油箱；

20～40s 内，内马达单独工作，在图中可以看出内马达进、出油口的压差比较大，使马达产生输出转矩，外马达进、出油口压力曲线基本重合（压差为 0）；

40～60s 内，内、外马达差动连接，在图中可以看出外马达的进口压力与内马达的出口压力一样大，外马达的出口压力与内马达的进口压力为 0；

60～80s 内，外马达单独工作，由图中可以看出外马达进、出油口存在较小的压差，内马达进、出油口压差为 0；

80～100s 内，内、外马达进、出油口的压差基本相等。

负载恒为 9N・m 时，不同工作方式下，液压泵输出压力和液压马达输出转矩情况如图 3-22 所示。

从图 3-22 可以看出，当负载转矩比较小时，根据工况所需输出速度的不同，可以选取马达不同的组合方式。液压泵输出压力也随马达排量的增大而减小。

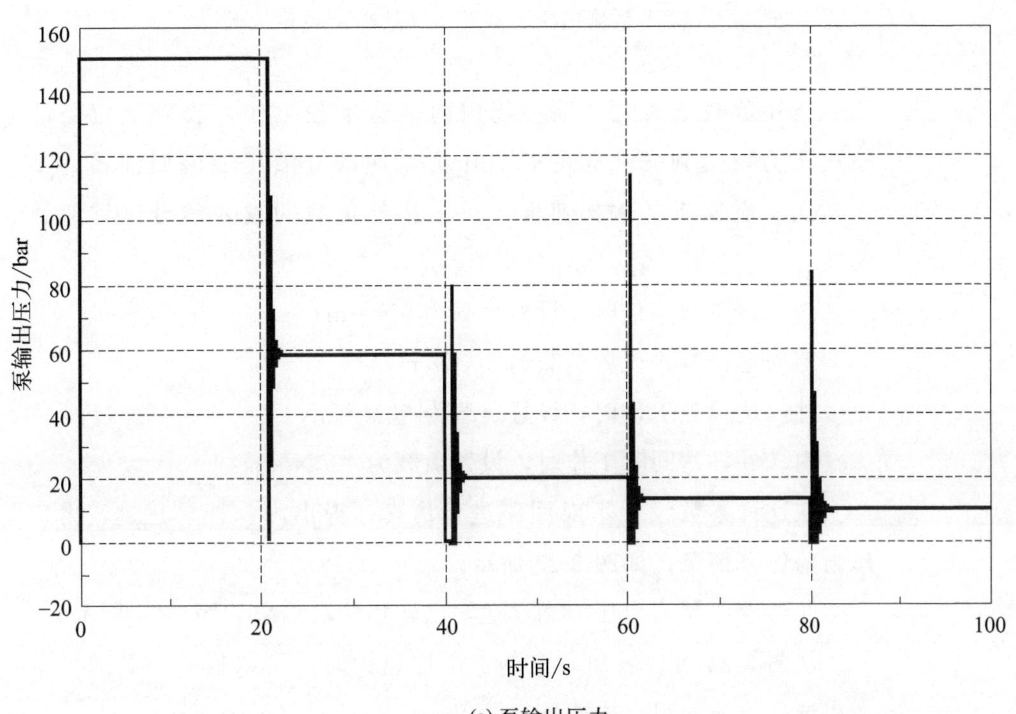

(a) 泵输出压力

图 3-22

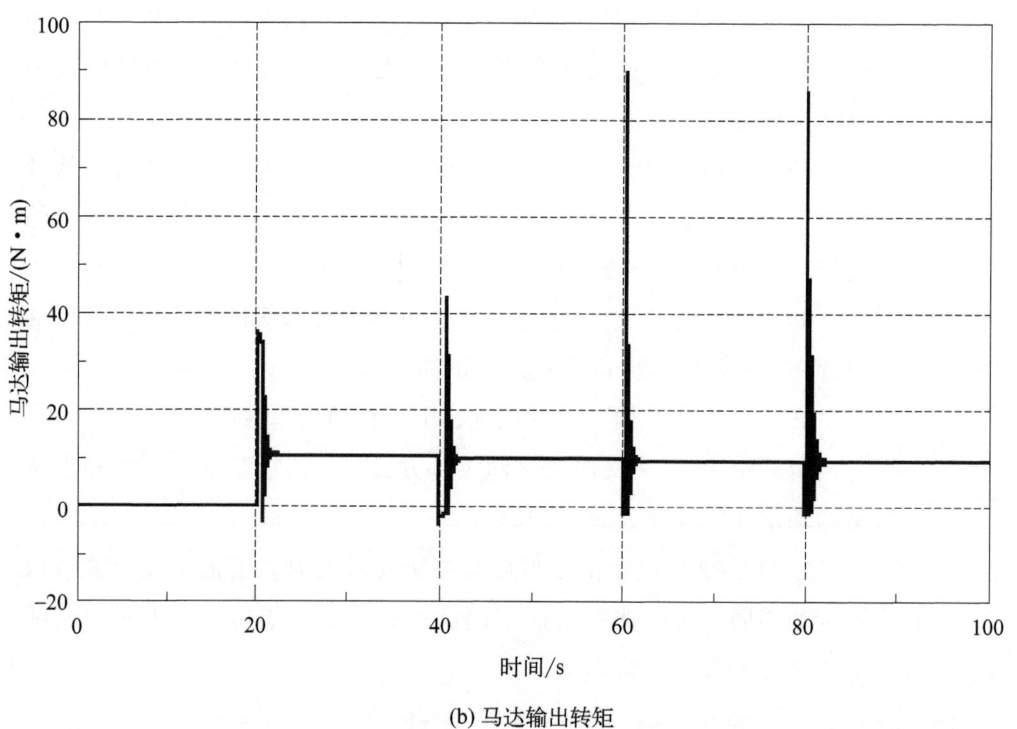

(b) 马达输出转矩

图 3-22 液压泵输出压力和液压马达输出转矩情况

当外负载增大时，则不能用内马达单独工作，否则液压泵的输出压力就达到安全阀的开启压力，使部分液压油流回油箱，不能达到工况需求的输出速度。对马达外负载的输入信号进行参数设置：

内马达单独工作时，设置负载为 9N·m；

差动连接时，设置负载为 50N·m；

外马达单独工作时，设置负载为 90N·m；

内、外马达同时工作时，设置负载为 130N·m。

在这种参数设置下对回路进行仿真，得出内、外马达进、出口压力的仿真情况，如图 3-23 所示。

此时液压泵输出压力和马达输出转矩仿真结果如图 3-24 所示。

从图 3-24 可以看出，当外负载比较大时，可以根据负载的大小适当选择马达的组合方式进行输出。

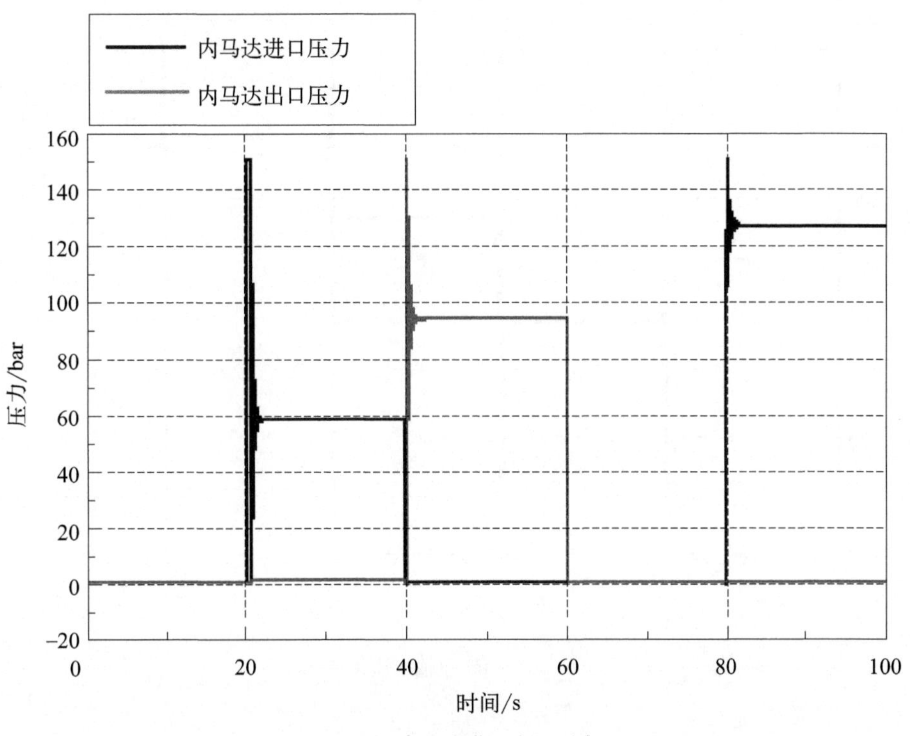

(a) 内马达进、出口压力

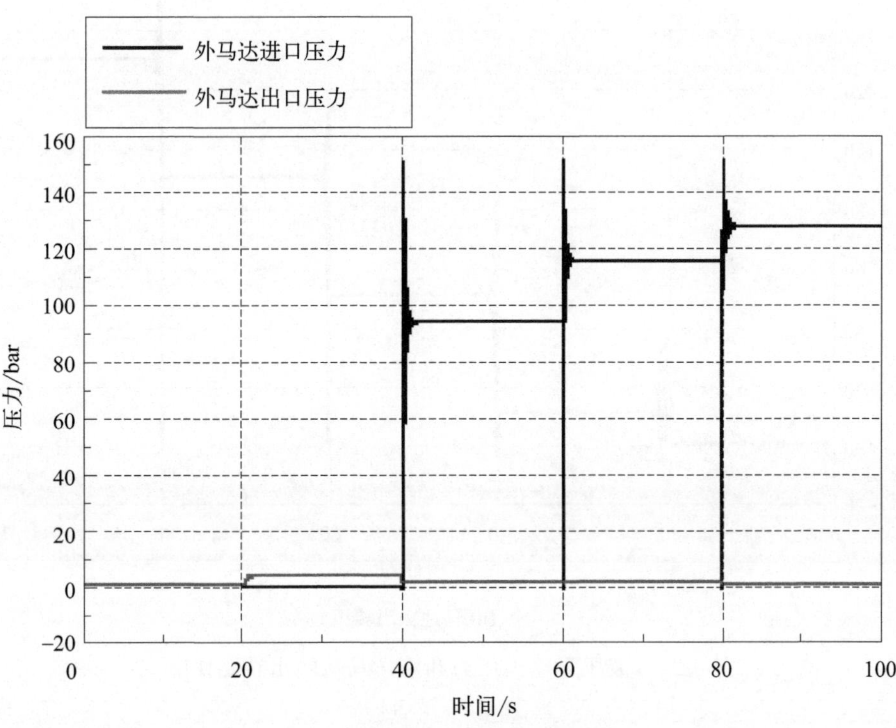

(b) 外马达进、出口压力

图 3-23　内、外马达进、出口压力的仿真情况

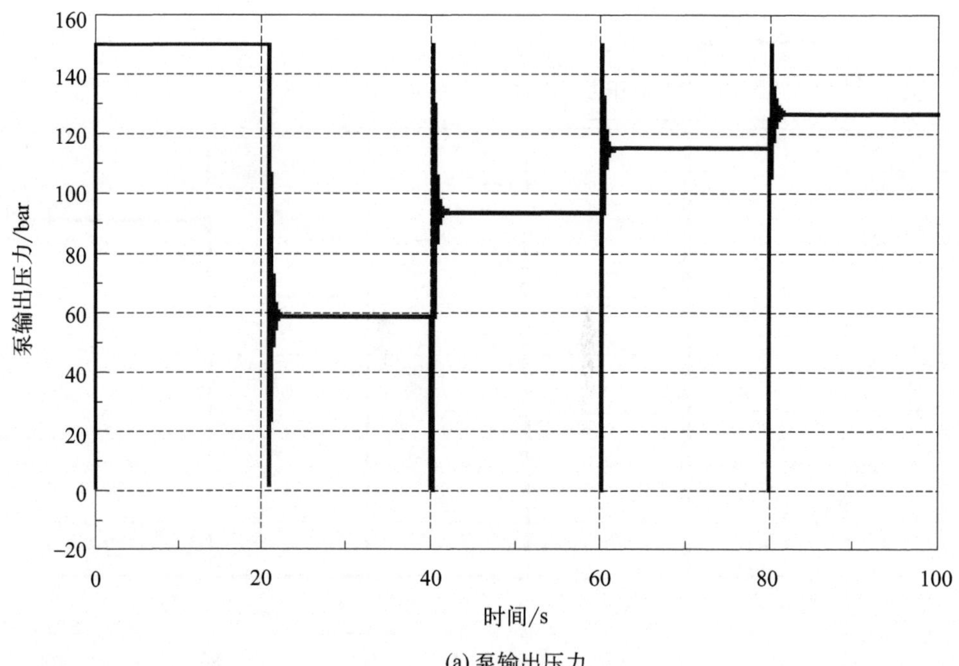

(a) 泵输出压力

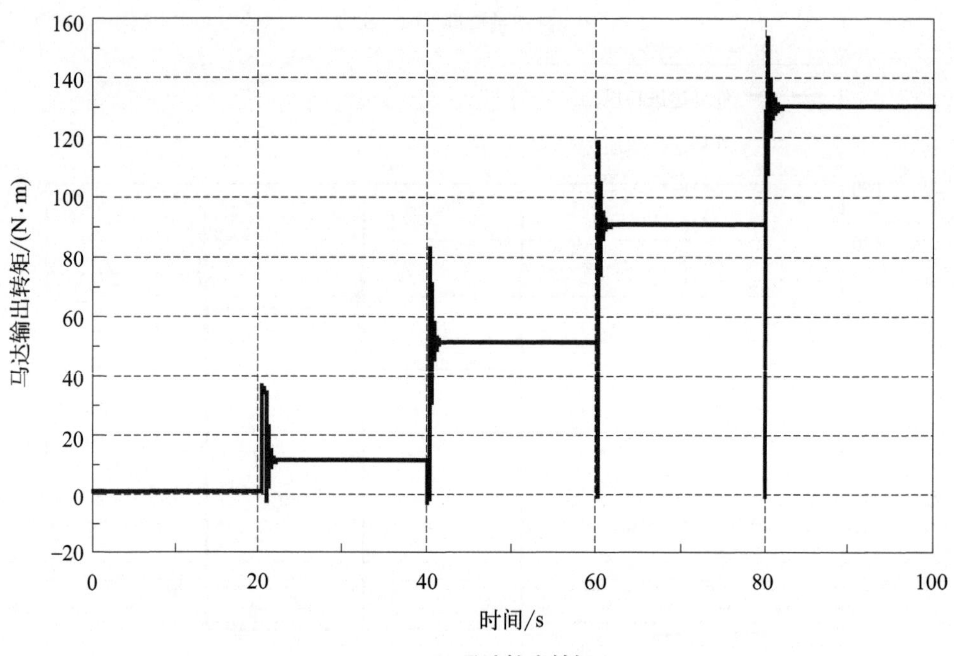

(b) 马达输出转矩

图 3-24　液压泵输出压力和液压马达输出转矩情况

第4章 多泵液压缸速度控制回路

4.1 单作用双定子泵液压缸节流调速回路

4.2 多功能多泵液压缸速度控制回路

4.3 与传统回路对比

4.4 其他新型回路

4.5 多泵液压缸速度控制回路仿真实例

4.6 多泵多功能回路同步运动的仿真实例

液压缸是液压系统中重要的执行元件，在液压回路中，通过控制流入液压缸的油液流量来调节活塞的运动速度，节流调速回路是靠节流原理控制流入液压缸的流量，根据所用流量控制阀的不同，分为采用节流阀的节流调速回路和采用调速阀的节流调速回路。传统的节流调速回路中，都由传统的定量液压泵供油，为系统提供动力，这种液压泵输出的流量是一定的。

4.1 单作用双定子泵液压缸节流调速回路

4.1.1 调速回路的构成与原理

新设计的液压调速回路中用定量双定子液压泵替换传统的定量液压泵，双定子液压泵由于其结构的特殊性，内、外泵不同的组合可以输出多种定流量，再根据节流阀的调速功能可以使系统输出不同级别的调速范围，如图 4-1 所示为多泵控制的液压缸节流调速回路原理简图。

单作用双定子泵的内泵输出流量小，外泵输出流量大。通过组合可以输出三种不同的定流量，分别在这三种定流量下调节节流阀 6 对液压缸进行节流调速，使液压缸可以在三种不同挡位下进行调速。如图 4-1 所示，液压泵经电机驱动向系统输入高压液压油，电磁换向阀 3 调节油路，控制双定子泵的内、外泵的组合，实现不同的工况，其工作情况如表 4-1 所示。

表 4-1　单作用双定子泵节流调速回路工作情况

1YA	2YA	3YA	4YA	5YA	多泵工作情况
−	−	+	−	+	内、外泵同时供油
+	−	+	−	+	外泵单独供油
−	+	+	−	+	内泵单独供油

注：电磁铁得电用“+”表示，电磁铁失电用“−”表示。

图 4-1　单作用双定子泵节流调速回路原理简图

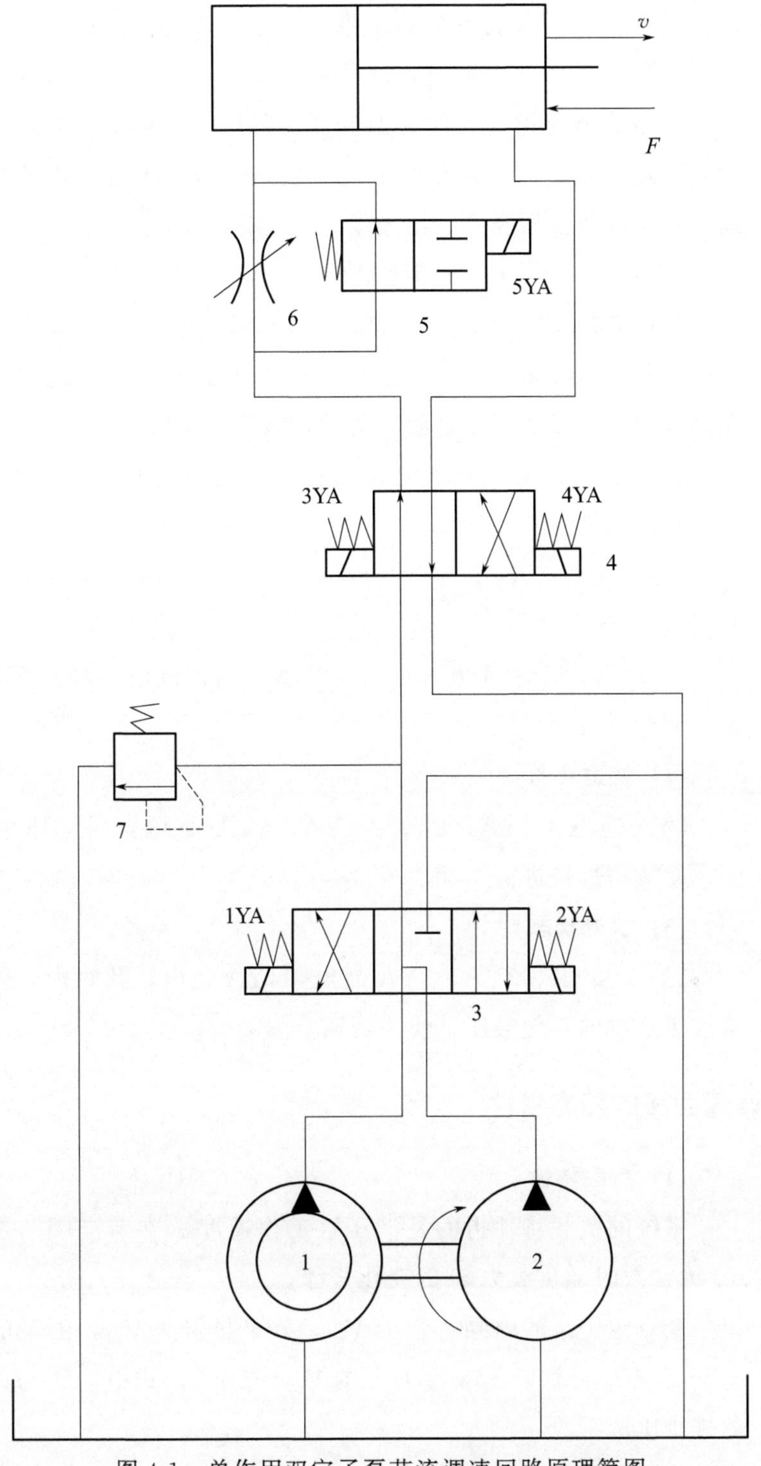

图 4-1　单作用双定子泵节流调速回路原理简图

1—内泵；2—外泵；3～5—电磁换向阀；6—节流阀；7—溢流阀；F—外负载；v—液压缸运动速度

传统的液压缸调速回路通过并联几个节流阀或调速阀调节进入液压缸的流量，实现系统的工进、快进、快退等功能的转换，这不但增加了液压元件的数量，使回路变得复杂，增加了成本，而且增加了回路的节流损失，使油温升高，降低了回路效率。这种用多泵调节的新型回路不需要复杂的变量机构，只需要通过电磁换向阀的通断就能调节液压泵的输出流量。

该回路的具体工作原理如下。

(1) 工进状态

这种回路有多种工进的速度，可以根据不同的工况需求调节液压缸工进的速度，下面是液压缸的三级工进速度。

① 2YA、3YA、5YA 通电，1YA、4YA 断电：内泵供油，调节节流阀。

② 1YA、3YA、5YA 通电，2YA、4YA 断电：外泵供油，调节节流阀。

③ 3YA、5YA 通电，1YA、2YA、4YA 断电：内、外泵同时供油，调节节流阀。

(2) 快进状态

3YA 通电，1YA、2YA、4YA、5YA 断电：内、外泵同时供油，使液压缸快进。

(3) 快退状态

1YA、2YA、3YA、5YA 断电，4YA 通电，此时内、外泵同时给液压缸供油，使液压缸快速退回。

4.1.2 调速回路的静态特性

(1) 负载特性

系统的负载特性指的是液压缸工作速度 v 在节流阀的过流面积 A_T 为常数时随负载力 F 的变化规律。

令双定子泵的内泵排量为 V_{p1}，外泵排量为 V_{p2}，由泵的结构得出 $V_{p2}>V_{p1}$，令 $V_{p2}/V_{p1}=D$，则 $V_{p2}=DV_{p1}$，式中，D 为内、外泵的排量比例系数。

单作用双定子泵可以实现三种定流量的输出，一种是内泵单独供油，一种是外泵单独供油，一种是内、外泵同时供油。令电机转

速为 n，则液压泵的三种输出流量为

$$q_{\mathrm{p}}=\begin{cases}nV_{\mathrm{p1}}\\nV_{\mathrm{p2}}\\nV_{\mathrm{p12}}\end{cases}=\begin{cases}nV_{\mathrm{p1}} & \text{内泵}\\nDV_{\mathrm{p1}} & \text{外泵}\\n(1+D)V_{\mathrm{p1}} & \text{内、外泵}\end{cases} \tag{4-1}$$

① 当内泵单独供油时，液压泵输出流量最小，此时系统可以使执行元件做低速的运动，适用于输出功率小的工况。

② 当外泵单独供油时，液压泵输出流量适中，此时系统可以使执行元件做中速的运动，适用于输出功率适中的工况。

③ 当内、外泵单独供油时，液压泵输出流量最大，此时系统可以使执行元件做高速的运动，适用于输出功率大的工况。

回路静态特性如图 4-2 所示。

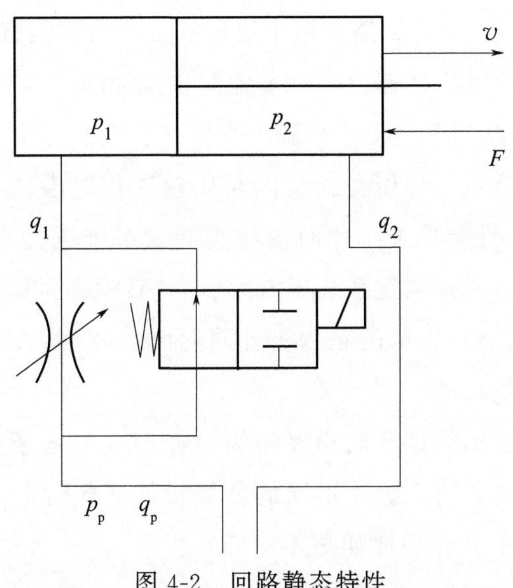

图 4-2　回路静态特性

F—外负载；v—液压缸运动速度；p_1—液压缸进油腔压力；p_2—液压缸回油腔压力；q_1—进入液压缸的流量；q_2—流出液压缸的流量；p_{P}—泵的输出压力；q_{P}—泵的输出流量

如图 4-2 所示，当不计管路压力损失时，则 $p_2=0$，则液压缸进油腔压力为 $p_1=F/A_1$，节流阀两端的压差为

$$\Delta p=p_{\mathrm{p}}-p_1=p_{\mathrm{p}}-\frac{F}{A_1} \tag{4-2}$$

式中 A_1——液压缸无杆腔有效作用面积，mm^2。

液压泵的工作压力由溢流阀调定，调定值按最大负载压力加上节流阀上的压差来确定。通过节流阀进入液压缸的流量 q_1 为

$$q_1=C_dA_T\sqrt{\frac{2}{\rho}(p_p-p_1)} \tag{4-3}$$

式中 C_d——流量系数，近似为常数；

A_T——节流阀的过流面积，mm^2；

ρ——液压油的密度，g/mL。

令 $K=C_d\sqrt{\frac{2}{\rho}}$，则液压缸的运动速度为

$$v=\frac{q_1}{A_1}=\frac{KA_T}{A_1}\sqrt{p_p-\frac{F}{A_1}} \tag{4-4}$$

式(4-4) 为该回路在单个液压缸工作时的负载特性方程，该特性表示了液压缸工作速度 v 在节流阀过流面积 A_T 为常数时随负载力 F 的变化规律。因为双定子泵能输出三种定流量，在三种流量下，溢流阀需要设定三种压力：设内泵单独工作时溢流阀调定系统工作压力为 p_{p1}，外泵单独工作时溢流阀调定系统压力为 p_{p2}，内、外泵一起工作时溢流阀调定系统压力为 p_{p3}，其中：$p_{p1}>p_{p2}>p_{p3}$。

图 4-3(a) 表示的是内、外泵同时工作时，A_T 取三个不同数时回路的负载特性。

当节流阀的过流面积保持为 A_{T1} 时，双定子泵在三种不同输出方式下，也会使系统有不同的负载特性，此时液压缸工作速度 v 随负载力 F 的变化规律如图 4-3（b）所示。

从图 4-3 中可以看出，当节流阀的过流面积 A_T 调定为一个定值时，液压缸的工作速度 v 就随负载力 F 的增加而减小；在相同负载下，通过调节节流阀开度或控制液压泵不同的工作方式，都可以使液压缸实现速度调节。

(2) 速度特性

当负载力 F 保持不变时，液压缸工作速度 v 随节流阀的过流面积 A_T 的变化特征称为速度特性。由负载特性方程可知当保持 F 不变且维持 p_p 不变时，v 与 A_T 成正比。

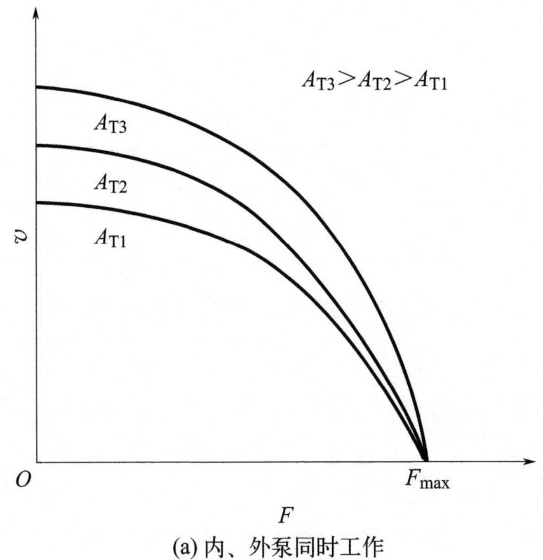

(a) 内、外泵同时工作

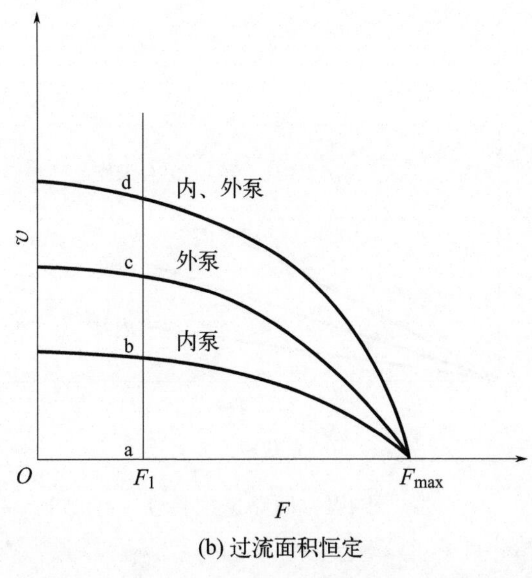

(b) 过流面积恒定

图 4-3　回路负载特性

如图 4-4（a）所示，当内、外泵组合工作时，在不同的负载下，都可以通过改变 A_T 来调节液压缸的速度 v 从零到最大范围内变化，实现无级调速。

在负载相同的情况下，内、外泵不同的工作情况也可以使液压缸实现不同的速度调节。如图 4-4(b）所示，当负载压力恒为 F_3 时，

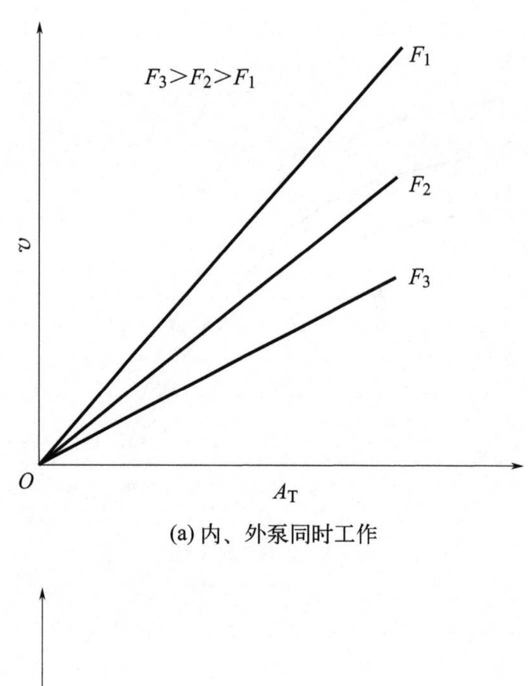

(a) 内、外泵同时工作

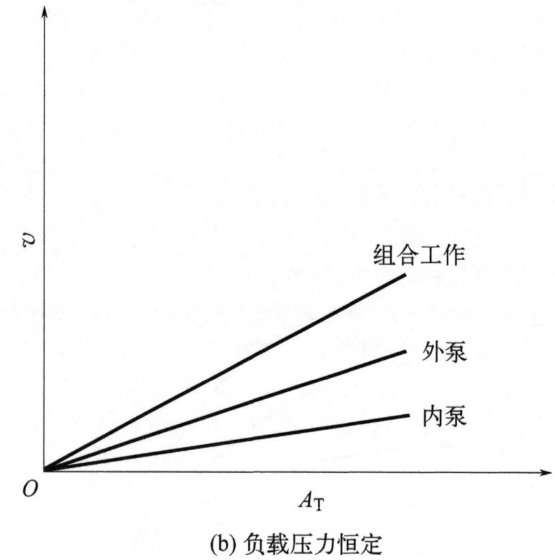

(b) 负载压力恒定

图 4-4 回路速度特性

内、外泵单独工作和组合工作三种不同的工作情况下，通过改变 A_T 可以使液压缸实现三种不同的速度调节。

由上面的分析可以看出，双定子泵输出多种定流量的特性，可以增大系统的调速范围。

(3) 功率特性

① 变负载工况。液压泵的输出功率为 $P=p_p q_p$。

对于定量泵来说，液压泵的输出功率为常数，与负载力 F 的变

化无关。液压泵的输出功率可表示为

$$P=P_0+\Delta P_1+\Delta P_2 \tag{4-5}$$

式中　P_0——液压缸的输出功率，$P_0=Fv=p_1q_1$；

ΔP_1——溢流阀的功率损失，$\Delta P_1=p_p(q_p-q_1)$；

ΔP_2——节流阀的功率损失，$\Delta P_2=\Delta pq_1$。

节流阀的输入功率 P_j 为

$$P_j=p_pq_1=P_0+\Delta P_2 \tag{4-6}$$

液压缸的输出功率为

$$P_o=p_1q_1=p_1KA_T\sqrt{p_p-p_1} \tag{4-7}$$

单作用双定子液压泵三种不同的工作方式，使液压泵可以输出三级恒功率，内泵单独供油时，功率最小，适用于小流量高压重载低速的系统；外泵单独供油时，功率适中，适用于中流量中压中载中速的系统；内、外泵同时供油时，功率最大，适用于大流量低压轻载高速的系统。如图 4-5(a) 所示为变负载工况下的功率特性。

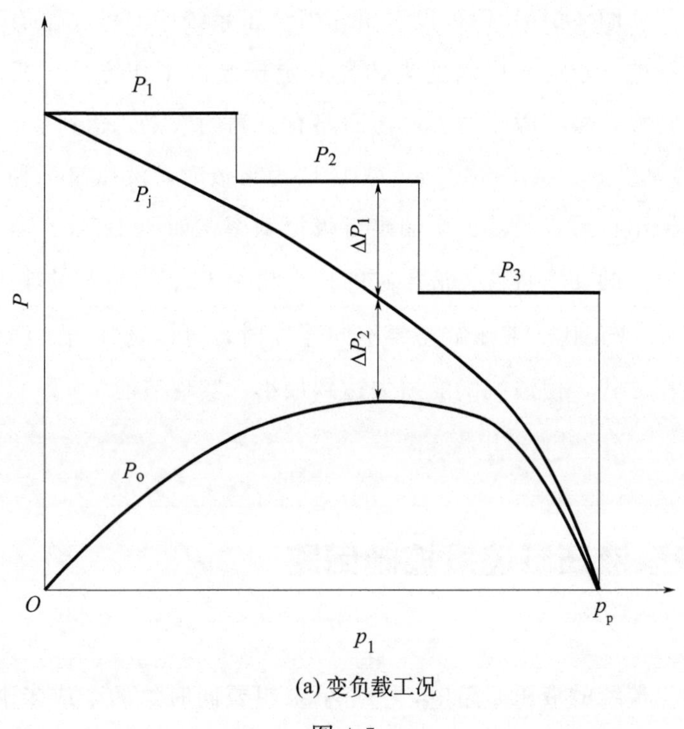

(a) 变负载工况

图 4-5

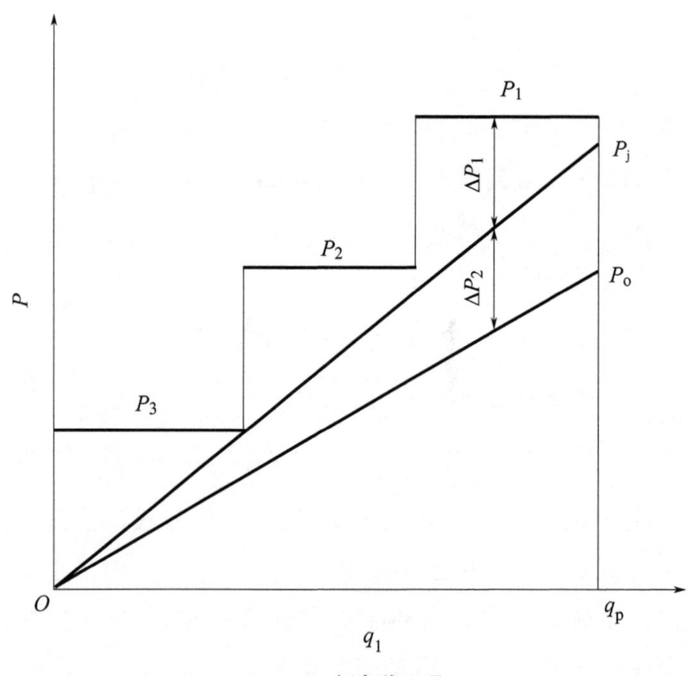

(b) 恒负载工况

图 4-5　回路功率特性曲线

P_1—内泵单独供油时的功率；P_2—外泵单独供油时的功率；P_3—内、外泵同时工作时的功率

从图 4-5(a) 中可以看出，当液压系统中对液压缸有不同速度和负载的要求时，可以适当选择双定子泵的工作方式，匹配合适的输出功率，减小溢流损失，使回路有更高的效率，达到节能效果。

② 恒负载工况。当负载力 F 为常数时，液压泵三种不同的定流量输出也可以使液压泵输出三级恒功率，如图 4-5(b) 所示为恒负载工况下的功率特性，液压缸的输出功率 P_o、节流阀的输入功率 P_j 都与 q_1 成正比，液压缸需要不同速度时，可以选择与之匹配的液压泵工作方式，使溢流阀的损失达到最小，实现节能。

4.2

多功能多泵液压缸速度控制回路

传统的液压回路中，一个单泵想要同时给两个或多个系统供油，需要用分流集流阀将液压油分流，或采用多联泵，这样既增大了能耗，又增加了设备的成本，单泵无法直接给两个系统供油，即无法直接满足两种工况的实现。由于双定子泵由内泵和外泵组成，且内、外泵输出排量不同，互不干扰，可以用内、外泵分别同时给两个不同的系统供油，实现两种工况的同时运作。

4.2.1 回路的结构与工作原理

如图 4-6 所示，该液压速度控制回路中用变量双定子液压泵替换传统的变量液压泵，双定子液压泵由于其结构的特殊性，内、外泵不同的组合可以输出多种定流量，通过调节转子与定子的偏心距实现内、外泵排量同时变化，从而实现泵输出流量的变化，且泵不同的工作方式可以得出输出流量不同的变化。同时还可以根据节流阀的调速功能使系统输出不同级别的调速范围。

变量单作用双定子泵可以输出三种不同的定流量，调节转子与定子的偏心距，可以将三种定流量变成具有相同比例关系的三种变流量。传统变量泵的流量调节一般通过调节参数来表示。

$$x_p=\frac{V_p}{V_{pmax}},0\leqslant x_p\leqslant 1 \tag{4-8}$$

式中　V_{pmax}——变量泵排量的最大值。

由于单作用双定子泵有三种工作方式，所以不同的工作方式可以实现输出不同的最大排量。

① 内泵单独工作时最大输出排量为 V_{pmax1}。

② 外泵单独工作时最大输出排量为 V_{pmax2}。

③ 内、外泵同时工作时最大输出排量为 $V_{pmax12}=V_{pmax1}+V_{pmax2}$。

当 $x_p=1$ 时，此时内、外泵输出排量最大。这种情况下，单作用双定子泵可以输出三种不同的定流量，分别在这三种定流量下调节节流阀 8 和 9 对液压缸 12 和 13 进行节流调速，使液压缸可以在三种不同挡位下进行调速。也可以通过调节变量泵的调节参数，可以改变内、外泵的输出流量，实现对液压缸 12 和 13 的容积节流调速。

该回路可以实现三种工况的输出。

(1) 多泵单独为液压缸 12 供油

此时这种回路就等效于如图 4-1 所示的回路，具体静态特性分析如上述所示。

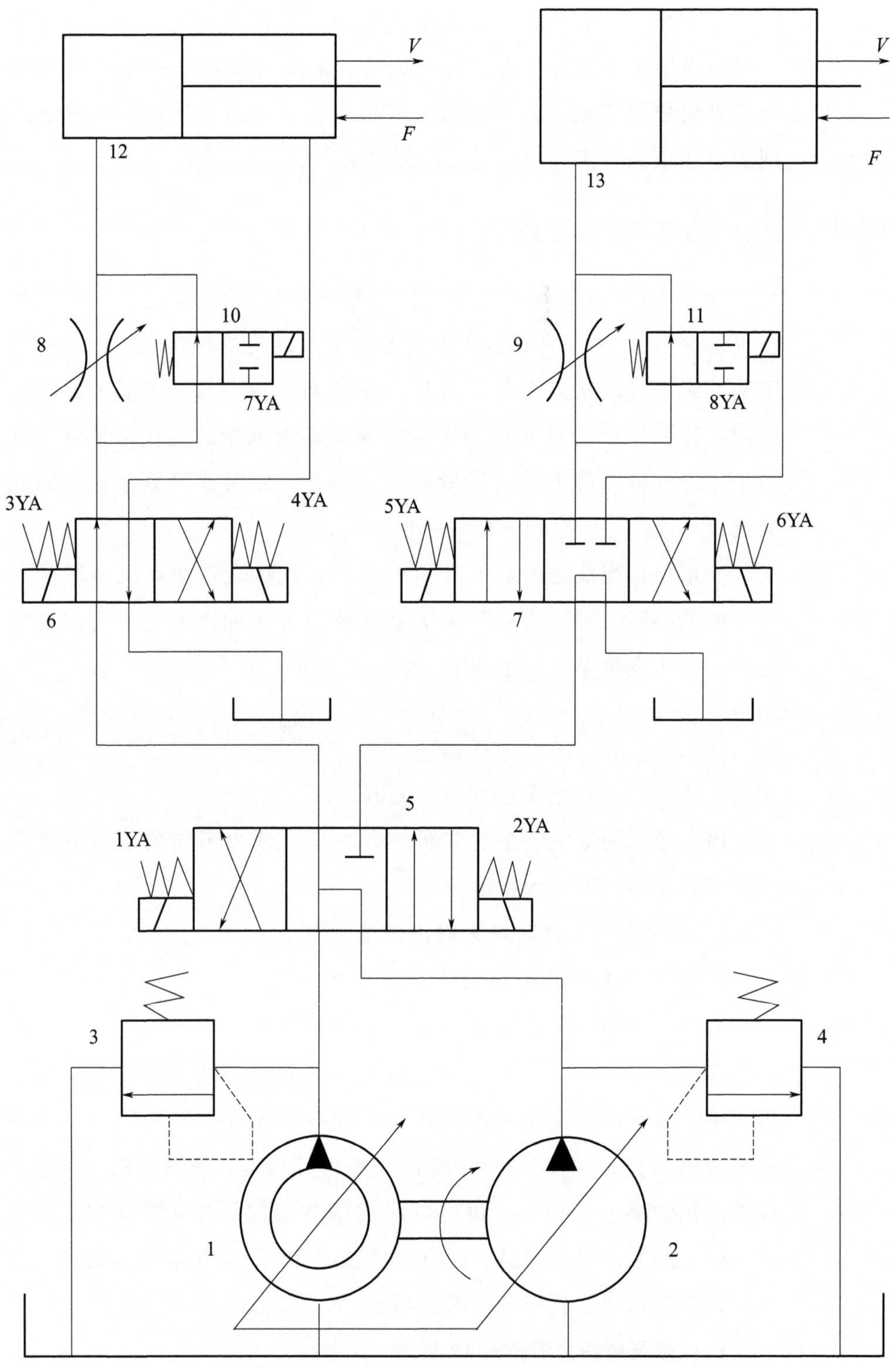

图 4-6 多泵液压缸速度控制回路原理简图

1—内泵；2—外泵；3,4—溢流阀；5～7,10,11—换向阀；8,9—节流阀；12,13—液压缸

(2) 多泵同时为两个液压缸供油

此时两个液压缸为互不干扰的两个执行元件，把双定子泵的内、外泵看作两个泵，两个泵分别为两个执行元件供油，这样就实现了一个泵体同时供应两个系统的工作：内泵为液压缸 12 供油，外泵为液压缸 13 供油；内泵为液压缸 13 供油，外泵为液压缸 12 供油。

表 4-2 为多泵液压缸速度控制回路的工作情况。

表 4-2　多泵液压缸速度控制回路的工作情况

1YA	2YA	3YA	4YA	5YA	6YA	7YA	8YA	工作情况
+	−	+	−	+	−	+	+	内泵给 13 供油，外泵给 12 供油
−	+	+	−	+	−	+	+	内泵给 12 供油，外泵给 13 供油

注：电磁铁得电用“+”表示，电磁铁失电用“−”表示。

(3) 两个液压缸同步运动

该回路的特殊之处是可以使两个不同的液压缸进行同步运动，利用内、外泵输出的流量不同，用内泵和外泵分别给两个不同口径的液压缸供油，使两个液压缸进行同步运动，这与双泵供油同步系统类似，但采用双定子泵的新型回路用一个泵体实现了传统意义上的两个泵体的功能，简化了回路。

内泵输出流量小，外泵输出流量大，所以可以用内泵和外泵分别同时给小口径的液压缸 12 和大口径的液压缸 13 供油，由于双定子泵的内、外泵排量比例系数是固定的，如果两个液压缸的口径也是相同的比例，则可以使两个液压缸实现同步运动，再通过调节变量双定子泵的调节参数，对同步速度进行调节。

综上所述，该回路利用双定子泵的多种工作方式的特性，使单个泵体实现了可以同时向两个系统供油，泵的两种输出流量存在一定的比例关系，这个比例关系由泵的排量比例系数决定，根据排量比例系数，选择与这个系数相对应的两个不同口径的液压缸，就能使两个液压缸实现同步运动。

4.2.2 两个液压缸同步工作时回路静态特性

(1) 速度特性

双定子泵中内泵排量小，外泵排量大，利用这一特性，使内泵对活塞横截面积小的液压缸供油，外泵对活塞面积大的液压缸供油，根据泵的排量比例系数，选择两个活塞横截面积之比与该系数相对应的液压缸。

由上面分析可得出双定子泵的变量调节参数为

$$x_{\mathrm{p}}=\frac{V_{\mathrm{p1}}}{V_{\mathrm{pmax1}}}=\frac{V_{\mathrm{p2}}}{V_{\mathrm{pmax2}}},0\leqslant x_{\mathrm{p}}\leqslant 1 \tag{4-9}$$

内、外泵输出流量可以表示为

$$q_{\mathrm{p}}=\begin{cases}n_{\mathrm{p}}V_{\mathrm{p1}}\\ n_{\mathrm{p}}V_{\mathrm{p2}}\end{cases}=\begin{cases}n_{\mathrm{p}}x_{\mathrm{p}}V_{\mathrm{pmax1}},\text{内泵}\\ n_{\mathrm{p}}x_{\mathrm{p}}V_{\mathrm{pmax2}},\text{外泵}\end{cases} \tag{4-10}$$

如图 4-7 所示为双定子变量泵的流量调节特性曲线。

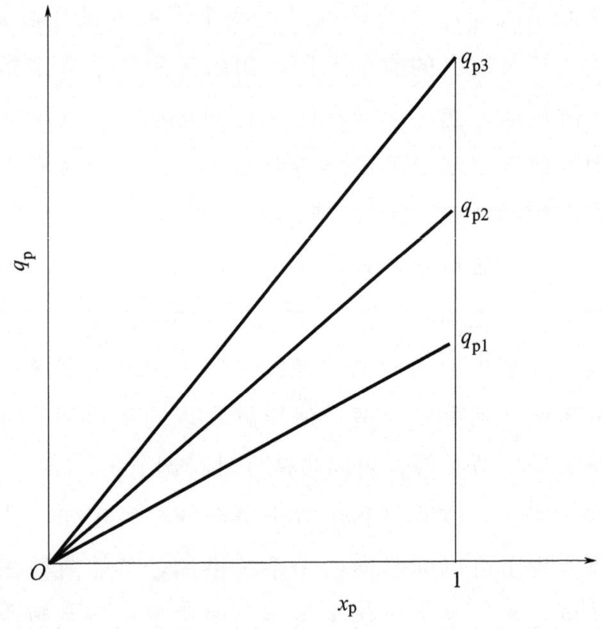

图 4-7 双定子变量泵的流量调节特性曲线

q_{p1}—内泵的流量调节；q_{p2}—外泵的流量调节，q_{p3}—内、外泵总的流量调节

外泵输出流量与内泵输出流量之比为：

$$\frac{q_{p2}}{q_{p1}}=\frac{n_p x_p V_{pmax2}}{n_p x_p V_{pmax1}}=\frac{V_{pmax2}}{V_{pmax1}}=D \tag{4-11}$$

假设液压缸 12 活塞的横截面积为 S_1，则液压缸 13 活塞的横截面积为 $S_2=DS_1$，即液压缸 13 与液压缸 12 活塞面积之比为 D。

用内泵给液压缸 12 供油，则液压缸 12 的速度为 $v_1=\frac{q_{p1}}{S_1}=\frac{n_p x_p V_{pmax1}}{S_1}$。

用外泵给液压缸 13 供油，则液压缸 13 的速度为 $v_2=\frac{q_{p2}}{S_2}=\frac{n_p x_p V_{pmax2}}{S_2}$。

由此可以看出，两个液压缸是同步运动的。

液压缸同步运动的速度 v 为

$$v=\frac{q_{p1}}{S_1}=x_p K \tag{4-12}$$

式中　K——常量，$K=\frac{n_p V_{pmax1}}{S_1}$。

式(4-13) 为回路的同步运动速度特性方程，溢流阀 3 和溢流阀 4 做安全阀用，当两个溢流阀的调定压力相同时，在调速范围内，两个液压缸的最大输出推力是不变的，即它们的最大输出推力与泵的排量无关，由于液压缸 13 的活塞面积为液压缸 12 的活塞面积的 D 倍，当两个液压缸达到相同的压力时，液压缸 13 的最大输出推力为液压缸 12 最大输出推力的 D 倍。

(2) 功率特性

当两个液压缸承受的负载一样大时，由于大液压缸的活塞面积为小液压缸的两倍，因此小液压缸中的油液压力为大液压缸中的两倍，设此时小液压缸中的压力为 p_{p1}，则大液压缸中的压力为 p_{p1}/D。

两个液压缸的输出功率为

$$
\begin{cases}
P_1 = p_{p1} q_{p1} = p_{p1} n_p x_p V_{pmax1} \\
P_2 = \dfrac{p_{p1}}{D} q_{p2} = p_{p1} n_p x_p V_{pmax1}
\end{cases}
\tag{4-13}
$$

从式(4-14)可以看出，当两个液压缸承受的负载一样时，它们的输出功率也一样大。

若保持两液压缸系统压力不变，调节变量泵的调节参数，当变量泵的输出流量增大时，泵的输出功率增大，液压缸的输出功率也随着增大。

4.3 与传统回路对比

传统的节流调速回路是由一个定量泵供油，只由节流阀调节液压缸的速度，而双定子泵可以通过内、外泵的组合输出三种不同的排量，从而对液压缸进行调速，与单泵相比，除了具备双定子泵的速度特性外，双定子泵的速度负载特性曲线多出了两种输出流量的选择。

令单泵的输出流量为 q_p，且 $q_p = q_{p1} + q_{p2}$，如图 4-3 所示，单泵输出的节流调速回路负载特性只有图 4-3(a)，而双定子泵的负载特性曲线，可以根据负载速度进行速度区间匹配，可以减少回路的溢流损失，如图 4-3(b) 所示，在负载大小等于 F_1 的条件下：

① 当负载的速度在 a-b 区间内，选择让 2YA 得电（内泵单独工作），这时外泵处于卸荷状态，输出的油液直接流回油箱而不经过溢流阀，和单泵的节流调速系统相比减少了 $p_p q_{p2}$ 的溢流损失；

② 当速度在 b-c 的区间内时，选择让 1YA 得电（外泵单独工作），此时内泵卸荷，和单泵相比较少了 $p_p q_{p1}$ 的溢流损失；

③ 当速度在 c-d 的区间内时，选择让 1YA、2YA 断电（内、外泵同时工作），此时和单泵供油的节流调速回路一样。

同理，单泵输出的节流调速速度特性曲线也只有图 4-4(a)。

如图 4-8 所示为单泵节流调速回路的功率特性曲线。

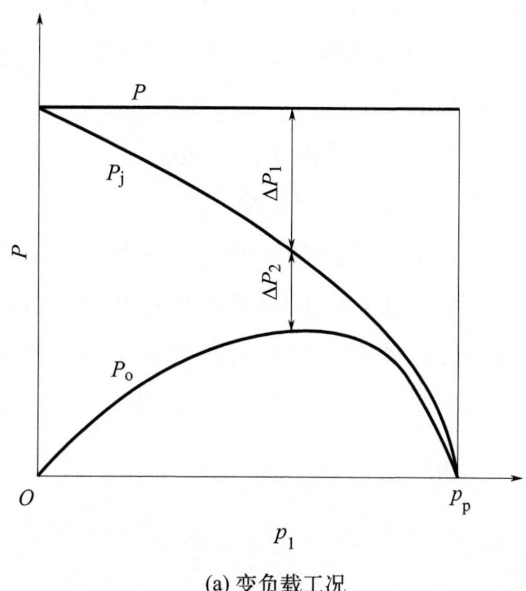

(a) 变负载工况

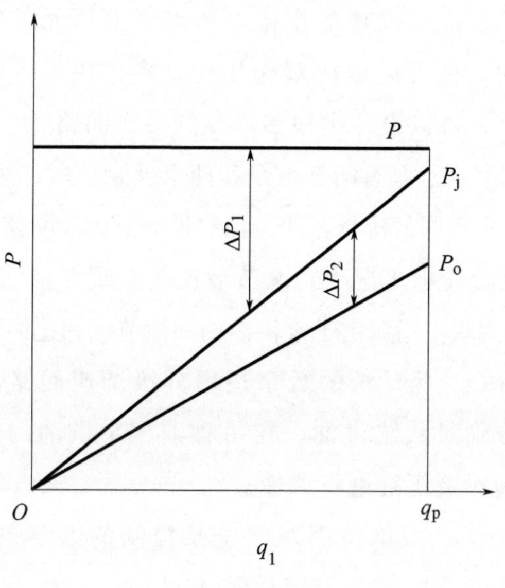

(b) 恒负载工况

图 4-8　单泵节流调速回路的功率特性曲线

从图 4-8 中可以看出，变负载工况下，当负载增大时，回路的溢流损失会越来越大。若采用双定子泵的回路，功率特性如图 4-5(a) 所示，当负载增大时，可以使用外泵单独供油，此时内泵卸荷，从图中可以看出此时溢流损失小于单泵供油时的溢流损失；负载持续增大时，切换成内泵单独供油，此时外泵卸荷，这时候相比单泵供油可以节省更多的溢流损失。

恒负载工况下，随着液压缸速度的减小，回路的溢流损失增大，若采用双定子泵的回路，则功率特性如图 4-5(b) 所示，当速度减小时，可以使用外泵单独供油，此时内泵卸荷，从图中可以看出此时溢流损失小于单泵供油时的溢流损失；速度持续减小时，切换成内泵单独供油，此时外泵卸荷，这时候相比单泵供油可以节省更多的溢流损失。

4.4 其他新型回路

双定子泵这一思想的提出，丰富了液压元件的类型，它可以做成单作用的，也可以做成双作用的、多作用的，用它取代传统回路中的液压泵，可以设计出很多新型的液压回路。

双作用双定子泵有两个内泵和两个外泵，内、外泵的不同组合可以使泵输出八种不同的排量，通过控制换向阀的通断使泵输出八种定流量，在每种定流量输出工况下，调节节流阀实现对液压缸的速度调节。如图 4-9 所示为双作用双定子泵供油的回油节流调速回路。

图 4-10(a) 为传统的数字逻辑分级调速回路，由三个不同流量的液压泵分别对系统供油，在每种液压泵供油的情况下，通过调节旁路调速阀对液压缸进行调速。

图 4-10(b) 为单作用双定子泵控制的数字逻辑分级调速回路，通过调节方向阀的通断，液压泵可以输出三种不同的定流量，实现分级。它只用一个泵体取代了传统回路中三个泵体，两个回路能实现相同的功能要求，新型的回路更加简洁，还能节省成本，减少了液压阀的数量，减小了能量损耗。

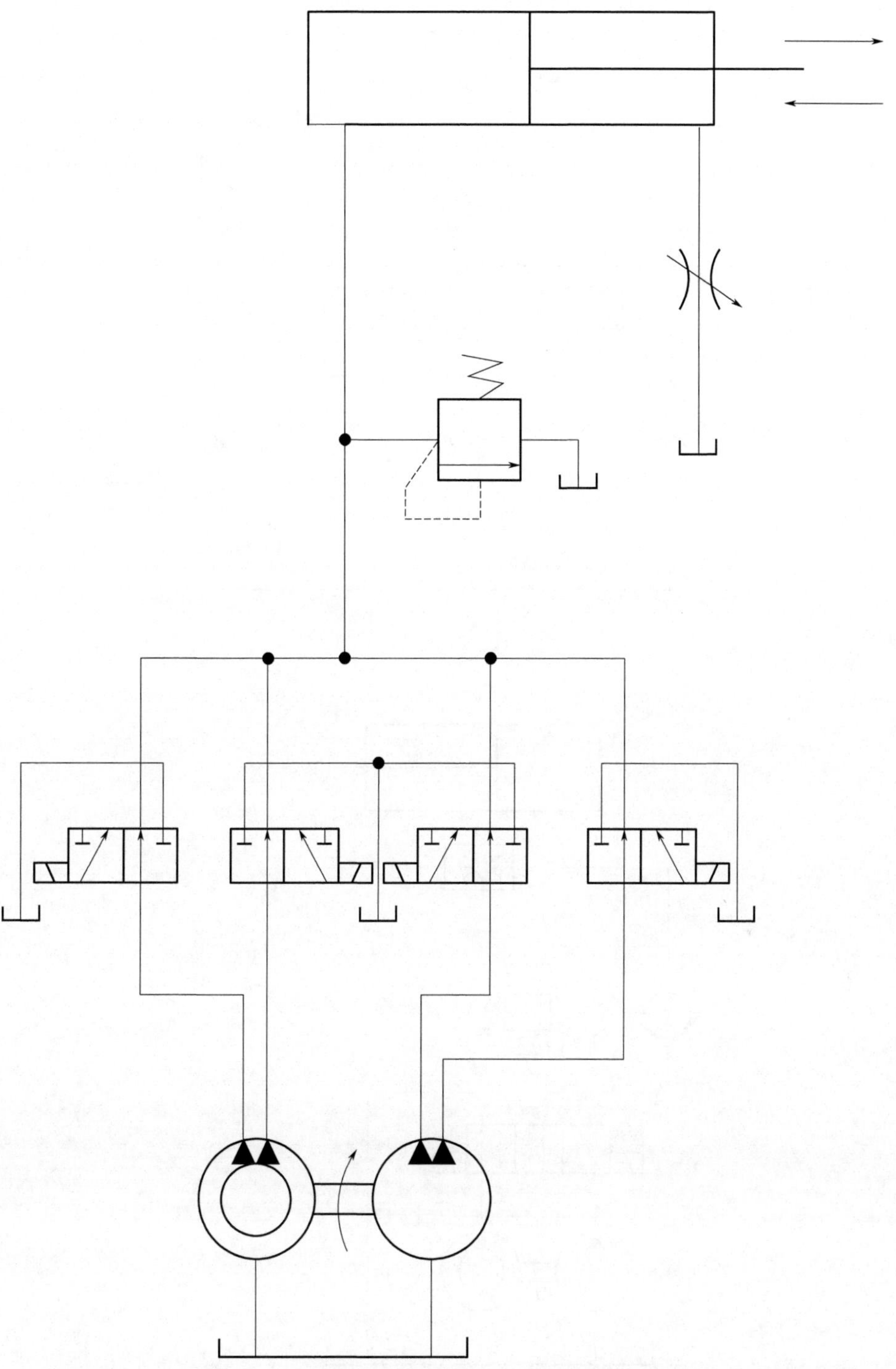

图 4-9　双作用双定子泵供油的回油节流调速回路

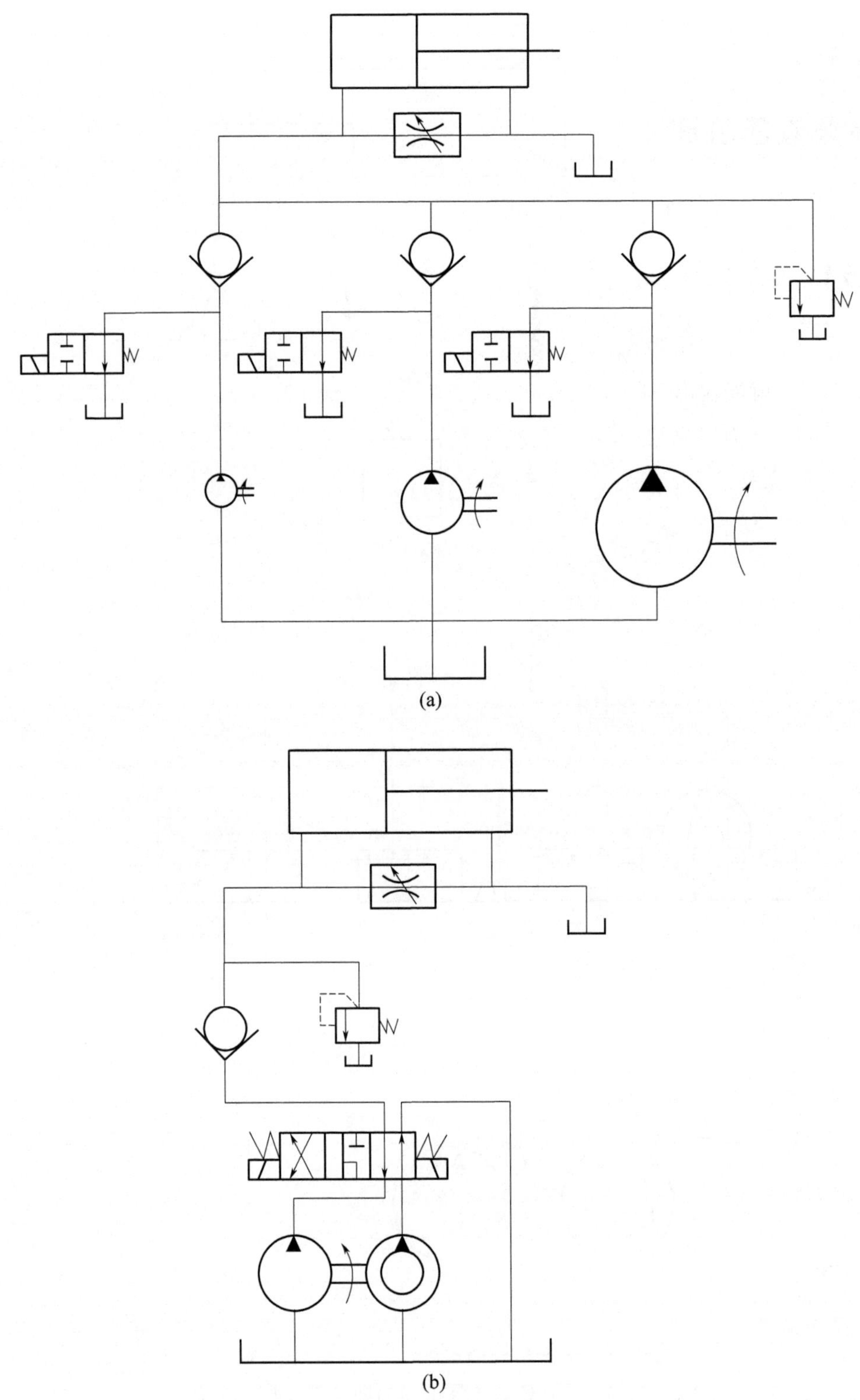

图 4-10　数字逻辑分级调速回路

4.5 多泵液压缸速度控制回路仿真实例

4.5.1 模型建立与参数设置

对于多泵，不同组合可以输出不同的流量，这样单作用双定子泵就能输出三种恒定的流量，可以使系统输出三种恒速度，如图 4-11 所示为用 AMESIM 建立的模型，左侧为传统单泵控制的节流调速回路，右侧为双定子泵控制的新型液压调速回路。

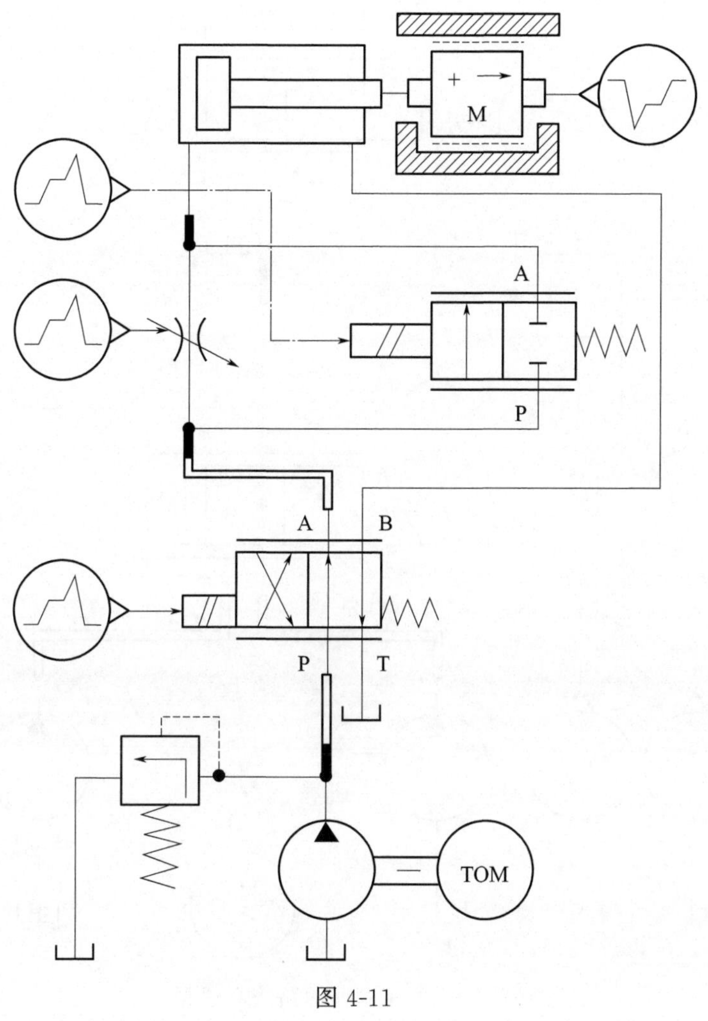

图 4-11

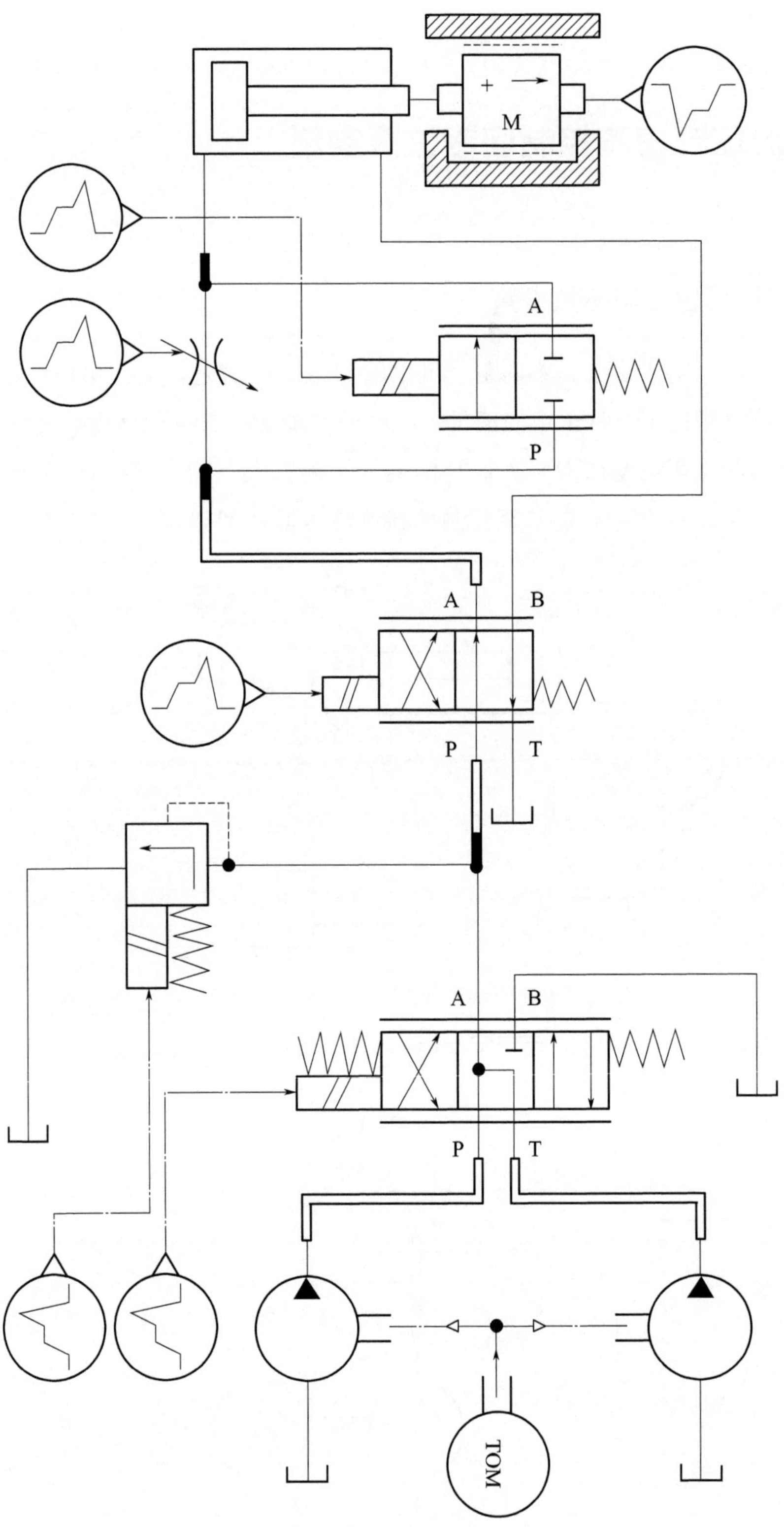

图 4-11　节流调速回路仿真模型

对上述两个模型中各个元件的参数进行设置：电机转速 1440r/min，传统液压泵排量 75mL/r，双定子内泵的排量 25mL/r，双定子外泵的排量 50mL/r，节流阀最大通径 12mm，传统回路溢流阀调定压力 56bar，传统回路溢流阀流量压力梯度 100L/(min・bar)，新型回路溢流阀最大开启压力 100bar，换向阀的额定流量 110L/min；相应的压降 0.5bar，阀门控制电流为 40mA，换向频率为 120Hz；液压缸的活塞直径 95mm，活塞杆直径 40mm；液压缸活动长度 3m。

4.5.2 仿真结果分析

先对传统回路进行仿真，给液压缸一个恒外负载信号 30kN，仿真时间设为 12s，采样周期 0.001s，运行软件，得出液压缸的速度变化和输出压力，如图 4-12 所示。

对新型回路进行仿真，由于新回路中有三种定排量输出，通过输入信号给系统设定三种恒负载：内泵单独工作时，调定系统压力为 100bar，此时外负载为 70kN；外泵单独工作时，调定系统压力为 70bar，此时外负载为 43kN；内、外泵同时工作时，调定系统压力为 56bar，此时外负载为 30kN。节流阀保持最大开口，每种工作方式下

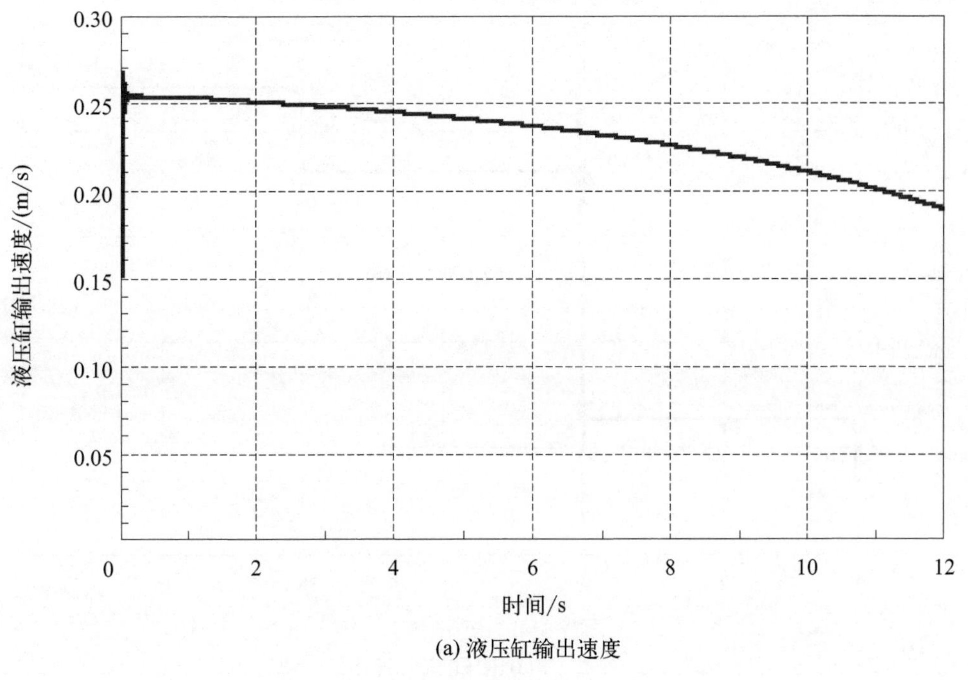

(a) 液压缸输出速度

图 4-12

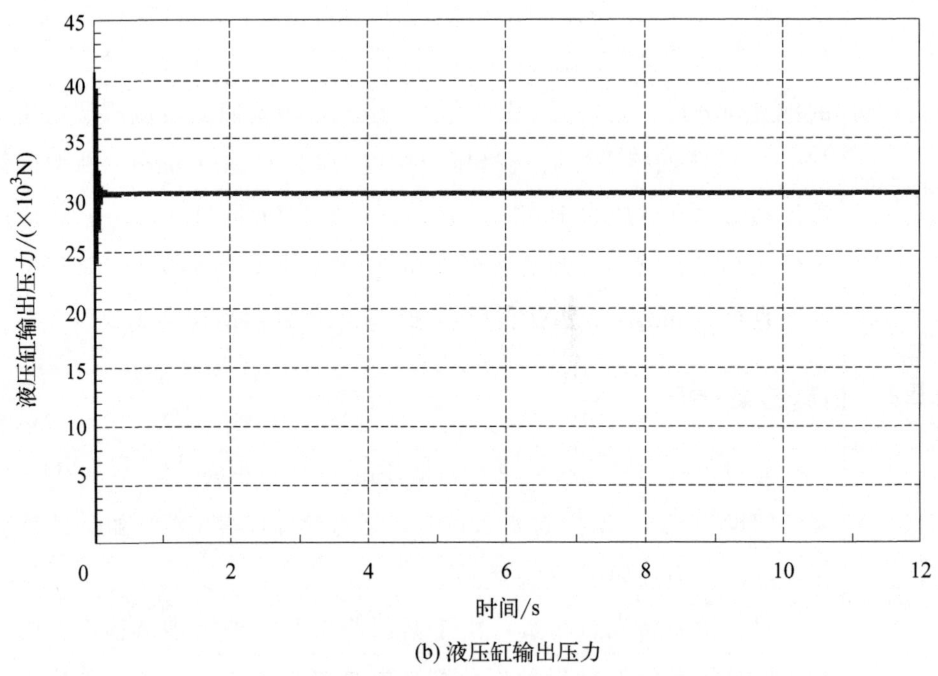

(b) 液压缸输出压力

图 4-12 传统回路液压缸的速度变化和输出压力

运行 4s，得出此时液压缸的速度变化和输出压力，如图 4-13 所示。

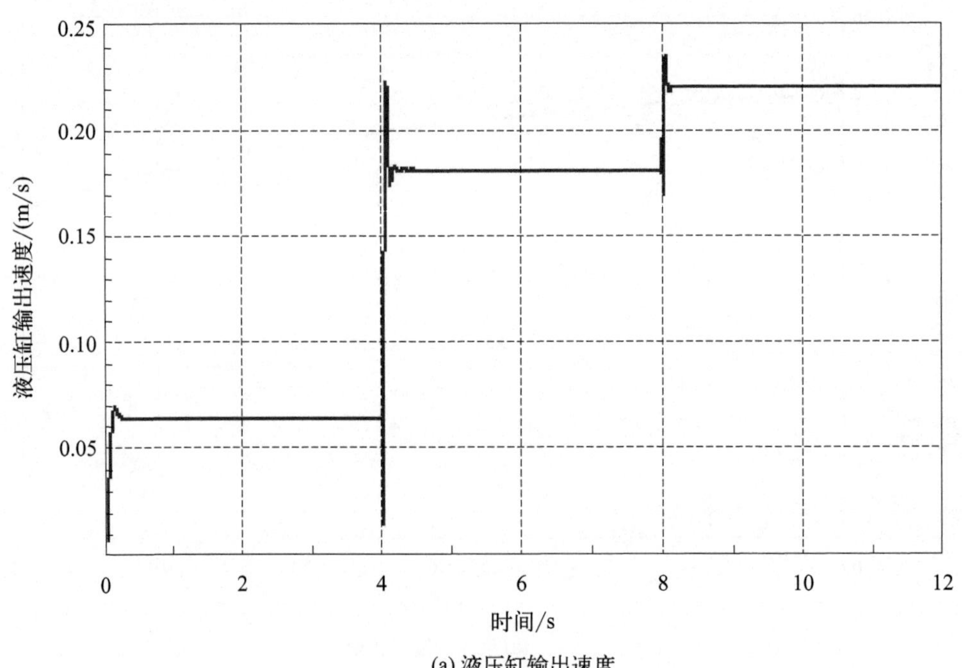

(a) 液压缸输出速度

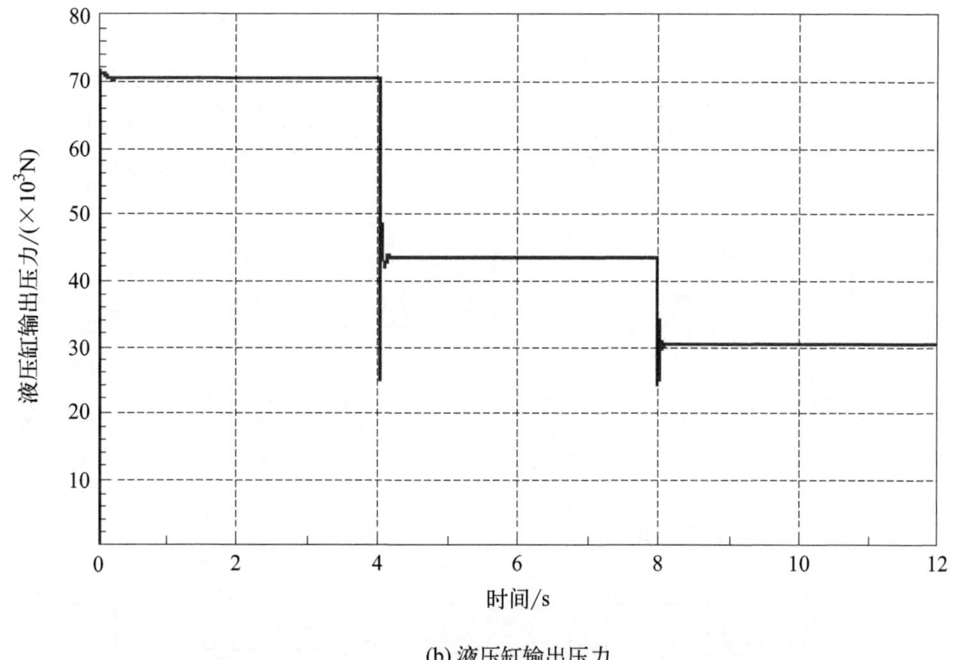

(b) 液压缸输出压力

图 4-13　新型回路液压缸的速度变化和输出压力

从图 4-12 和图 4-13 可以看出，传统回路只能通过调节节流阀控制系统的输出速度，但不能实现恒定速度的输出，而采用双定子泵的新型回路有不同的恒排量输出，可以使系统输出三种恒定的速度，且总的速度范围也比传统回路的速度范围大。在 0～4s 内，内泵单独工作，此时可以适应低速重载的工况；在 4～8s 内，外泵单独工作，此时可以适应中速重载的工况；在 8～12s 内，内、外泵同时工作，此时可以适应高速低载的工况。对于不同的工况可采用不同的输出方式，这样就减少了溢流阀的溢流损失。

4.6 多泵多功能回路同步运动的仿真实例

根据多泵多功能回路同步运动回路图建立仿真模型，如图 4-14 所示。

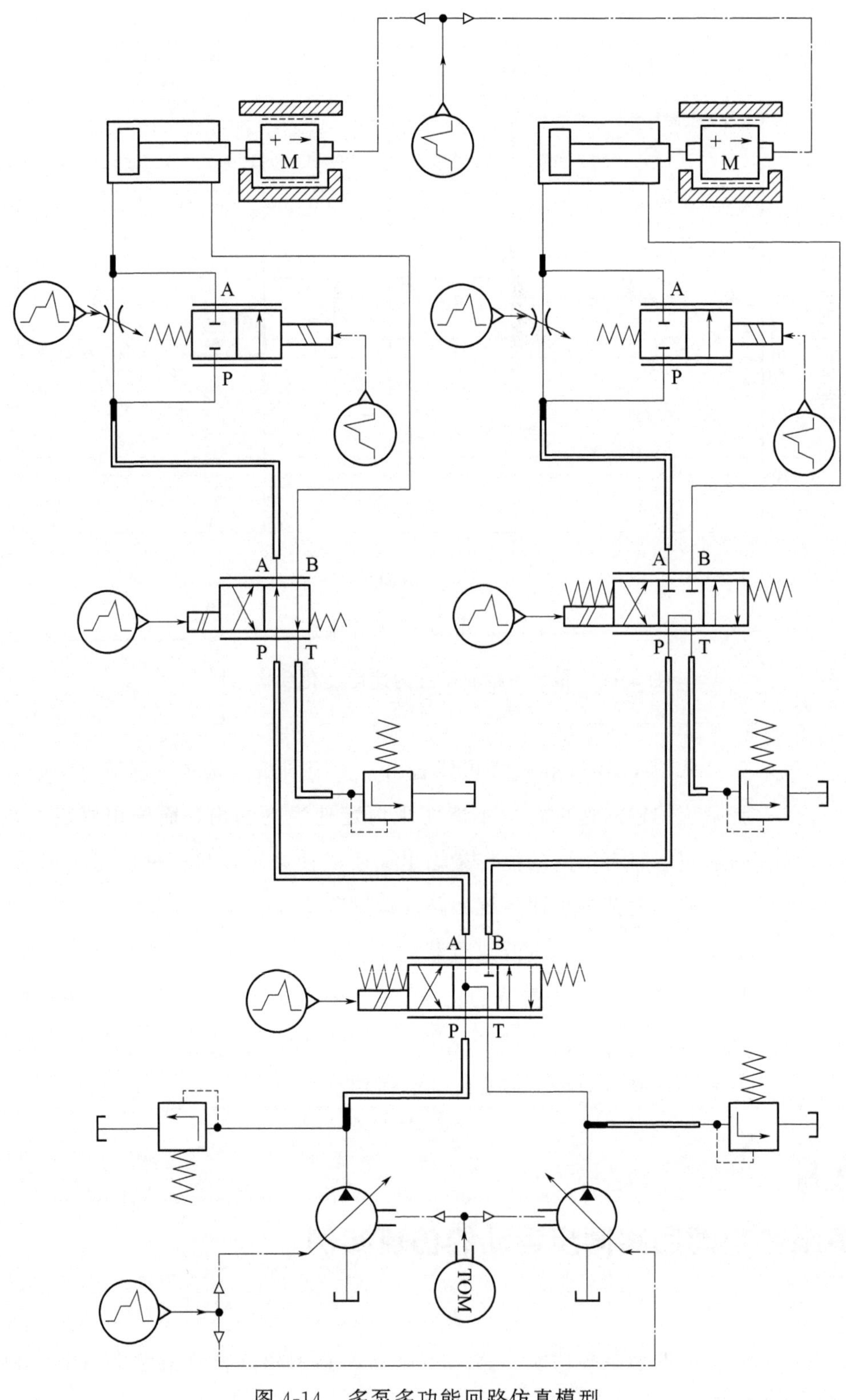

图 4-14　多泵多功能回路仿真模型

主要参数设置如下：变量内泵最大排量 25mL/r，变量外泵最大排量 50mL/r，小液压缸活塞直径 150mm，大液压缸活塞直径 212mm，安全阀设定压力都为 100bar。

可以看出，外泵排量是内泵排量的两倍，大液压缸活塞的面积是小液压缸活塞面积的两倍，根据第 3 章的分析可知，理论上在调节双定子变量泵的参数时，两个液压缸可以实现同步运动。给两个液压缸一个同样大小的推力 100kN，设置仿真时间为 5s，采样周期为 0.001s，给变量泵输入一个调节信号，如图 4-15 所示。

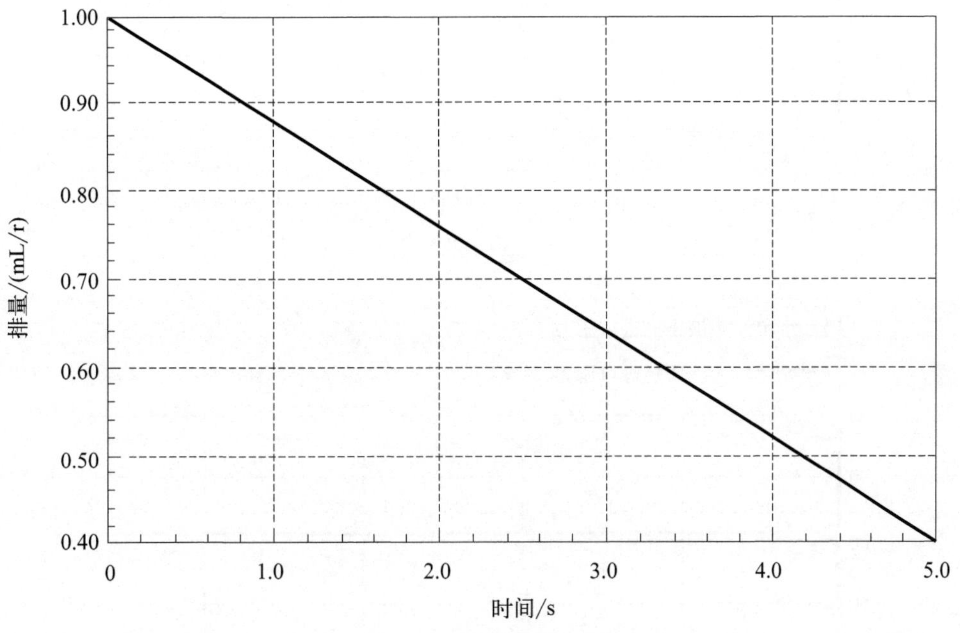

图 4-15　变量泵输入信号

变量内、外泵的排量逐渐减小，得出两个液压缸的输出速度和两个液压缸的进口压力，如图 4-16 所示。

图 4-16(a) 为两个液压缸的速度变化图，可以看出，两个液压缸的速度变化基本保持同步；图 4-16(b) 为两个液压缸的进口压力，小液压缸的进口压力大约为大液压缸进口压力的 2 倍。

因为当两个液压缸达到相同的压力时，大液压缸的最大输出推力为小液压缸最大输出推力的 2 倍。给小液压缸输入 160kN 的信号，给

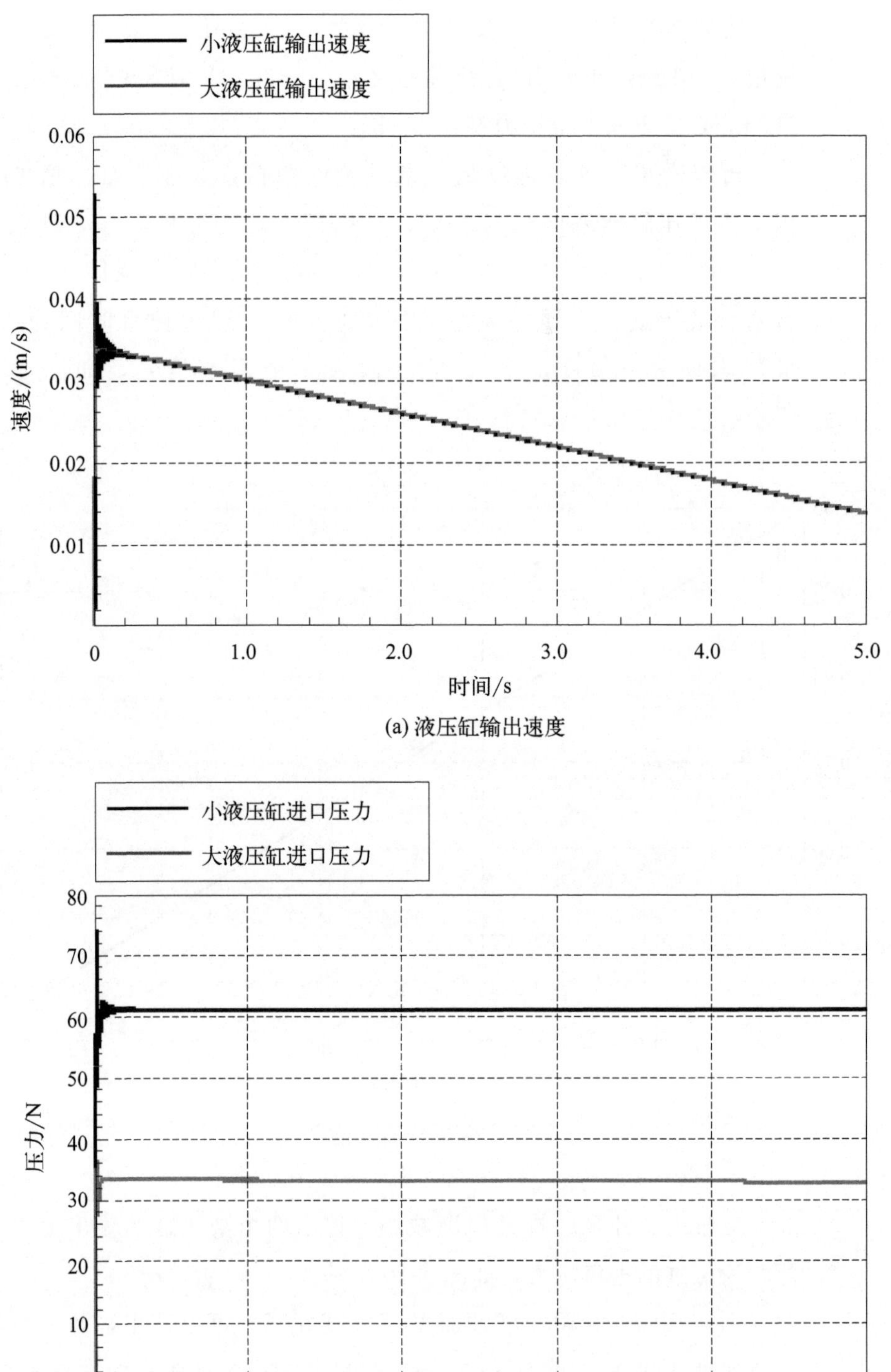

(a) 液压缸输出速度

(b) 液压缸进口压力

图 4-16 两个液压缸的输出速度和两个液压缸的进口压力

大液压缸输入 320kN 的信号，安全阀设定压力都为 100bar，运行软件进行仿真。系统压力和液压缸输出推力的仿真情况如图 4-17 所示。

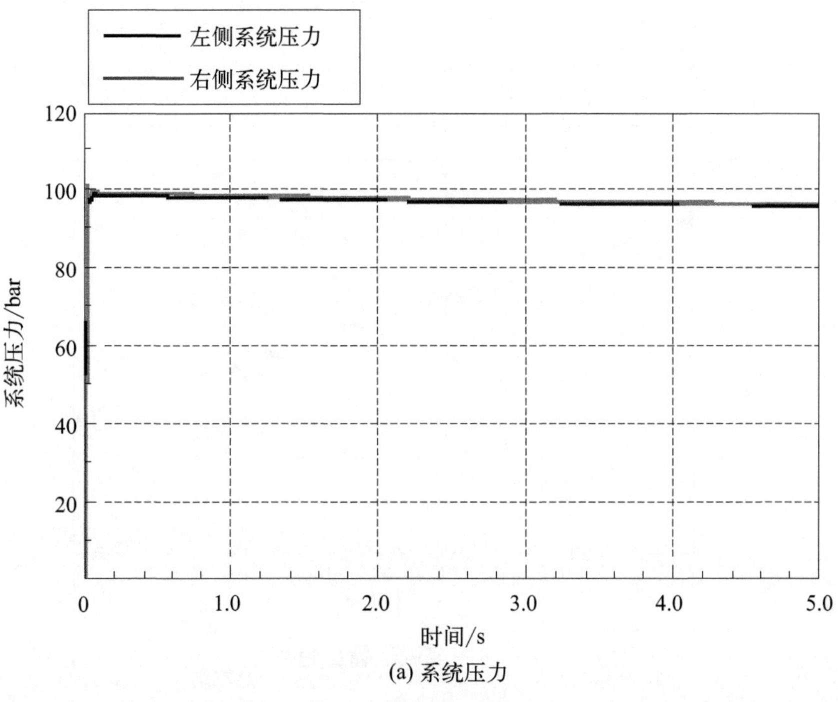

(a) 系统压力

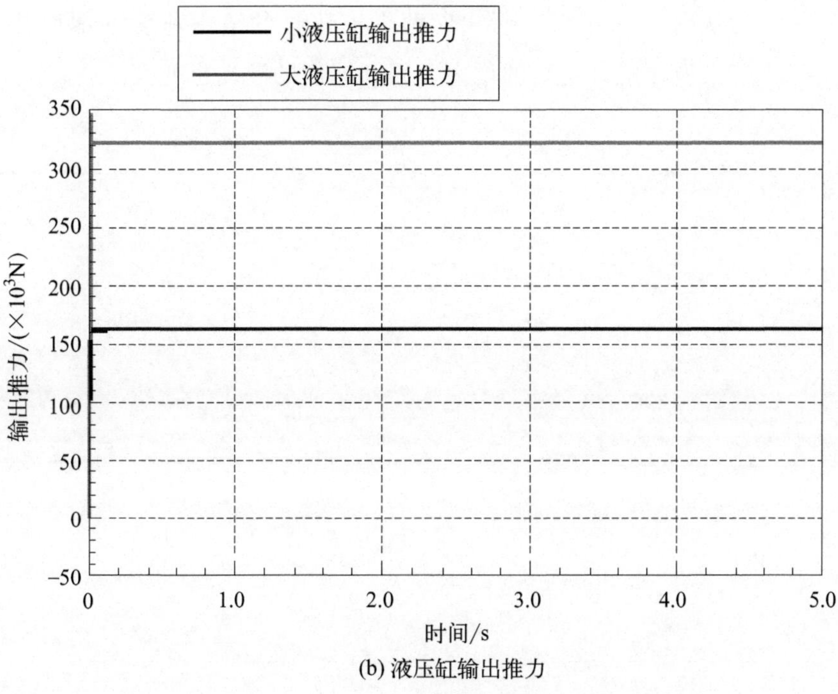

(b) 液压缸输出推力

图 4-17　系统压力和液压缸输出推力的仿真情况

从图 4-17 中可以看出，在两个液压缸输入压力相同的情况下，大液压缸输出推力为小液压缸输出推力的 2 倍。此时两个液压缸的同步运动速度变化情况，如图 4-18 所示。

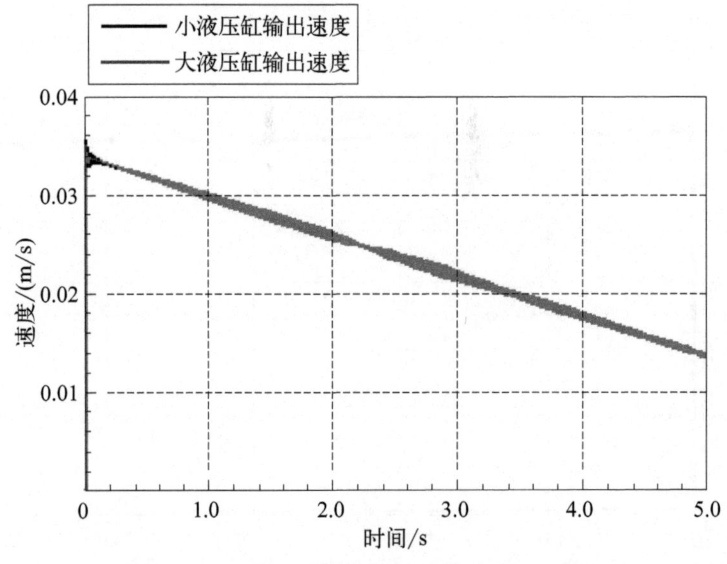

图 4-18 液压缸输出速度

从图 4-18 中可以看出，两个液压缸的输出速度基本保持一致。由于大液压缸外负载的增大，因此速度的波动也变大。

第 5 章

多泵多速马达压力控制回路

传统压力控制回路中的动力元件大都采用普通的液压泵，本章以多泵多速马达新型液压元件为基础，将其应用于压力控制回路当中，不仅在一定程度上改善液压回路当中能量损失的问题，而且进一步扩大了液压基本回路的范畴。

5.1 基于多泵的调压回路

传统的液压回路如果要实现多级调压，通常是把多个调压阀和换向阀联合使用，而换向阀是液压系统中产生压降损失最大的元件之一。基于多泵的调压回路，每个支回路中只需要一个换向阀，这样就大大减少了因为使用多个换向阀造成的不便。

5.1.1 调压回路的原理与特性

如图 5-1 所示为基于多泵的调压回路原理简图，图中 13 采用的是双作用双定子泵，左边为内泵，右边为外泵。

为了具体分析，设内泵流量为 q（外泵的流量为 kq，k 为外泵和内泵的排量比），溢流阀 1～4 分别调定的压力为 p_1～p_4。下面以内、外泵分别单独供油和联合供油两种情况来分析回路特性。

液压缸 9 和液压缸 10 都与内泵相连，与内泵连接的其中一个液压缸输入流量的种类如下。

① 当换向阀 5 的 1YA 得电时，换向阀 6～8 分别处在中位，只有一个内泵单独工作，另一个内泵和两个外泵处于卸荷状态。此时，系统回路的输入流量为 q。

② 当换向阀 5 的 1YA 得电时，换向阀 6 的 4YA 得电，换向阀 7、8 处于中位。此时，两个内泵同时工作，而且通过回路的设计，油液最后都通向液压缸 9。此时，系统回路的输入流量是 $2q$。

③ 当换向阀 5 的 1YA 得电时，换向阀 6 处于中位，换向阀 7 或者 8 右位得电（因为换向阀 7 或者 8 得电都是接通一个外泵，因为两个外泵排量相同，所以上述两种情况等效）。此时，一个内泵工作，一个外泵工作，最终油液都通向液压缸 9。此时，系统回路的输入流量为 $(1+k)q$。

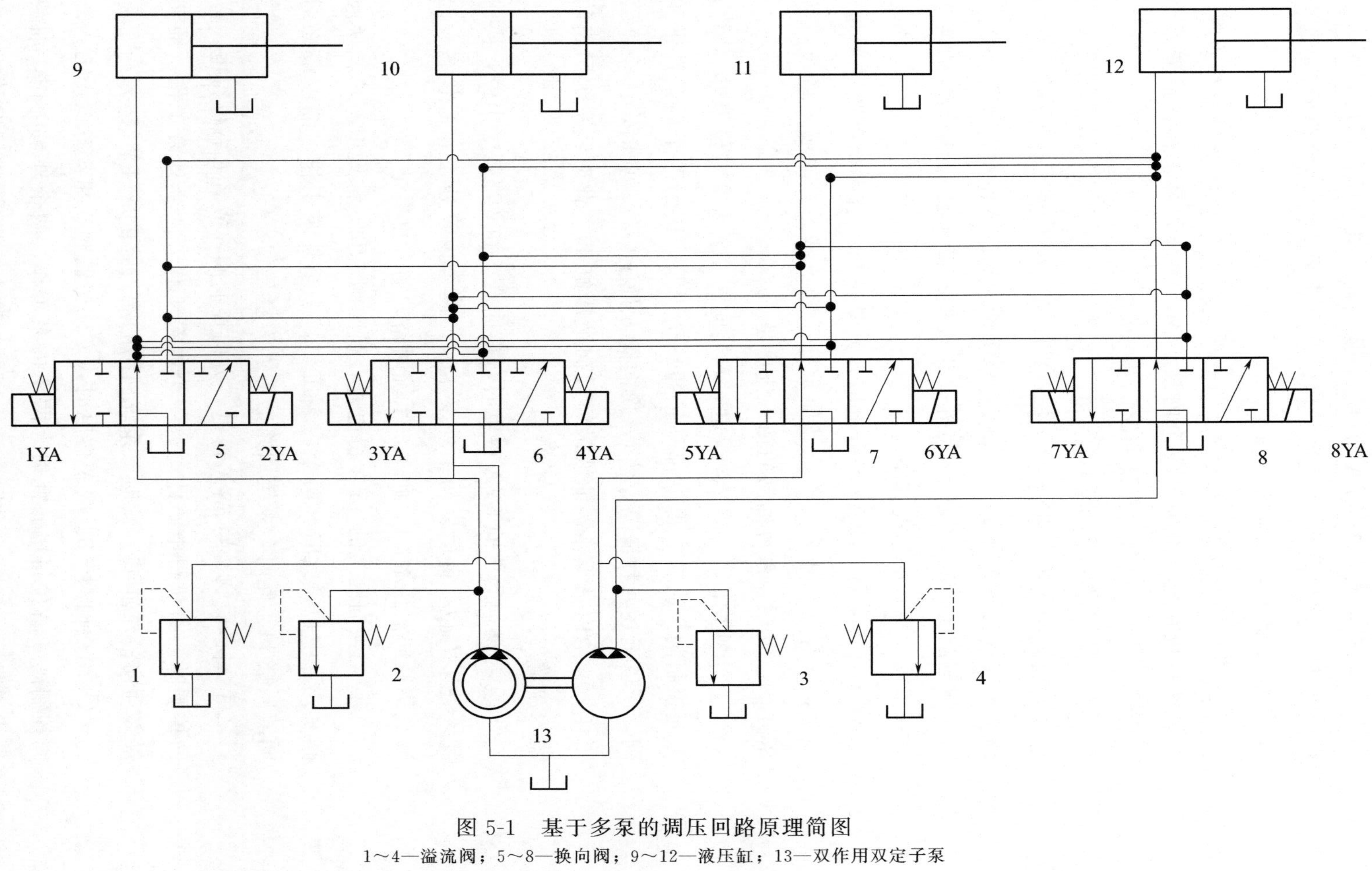

图 5-1　基于多泵的调压回路原理简图

1～4—溢流阀；5～8—换向阀；9～12—液压缸；13—双作用双定子泵

④ 当换向阀 5 的 1YA 得电时，换向阀 6 处于中位，换向阀 7 和 8 右位得电。此时，两个内泵工作，一个外泵工作，最终油液都通向液压缸 9。此时，系统回路的输入流量为$(1+2k)q$。

⑤ 当换向阀 5 的 1YA 得电时，换向阀 6 的 4YA 得电，换向阀 7 或者 8 右位得电。此时，两个内泵工作，一个外泵工作，油液最终通向液压缸 9。此时，系统回路的输入流量是$(2+k)q$。

⑥ 当换向阀 5 的 1YA 得电时，换向阀 6 的 4YA 得电，换向阀 7 和 8 同时右位得电。此时，两个内泵同时工作，两个外泵同时工作，油液最终都通向液压缸 9。此时，系统回路的输入流量是 $2(1+k)q$。

液压缸 11 和液压缸 12 与外泵相连接，液压缸 11 在不同的连接方式下输入流量的情况如下。

① 当换向阀 7 的 5YA 得电时，其他的方向控制阀都处于中位。此时，只有一个外泵工作，其他泵处于卸荷状态，油液最终通向液压缸 11。此时，系统回路的输入流量是 kq。

② 当换向阀 7 的 5YA 得电时，换向阀 5 或者 6 右位得电（因为方向控制阀 5 或者 6 得电都是接通一个内泵，因为两个内泵排量相同，所以上述两种情况等效），换向阀 8 处于中位。此时，一个外泵工作，一个内泵工作，油液最终通向液压缸 11。此时，系统回路的输入流量为$(1+k)q$。

③ 当换向阀 7 的 5YA 得电时，换向阀 5 和 6 都处于中位，换向阀 8 处于右位。此时，两个外泵工作，两个内泵处于卸荷状态，油液最终通向液压缸 11。此时，系统回路的输入流量是 $2kq$。

④ 当换向阀 7 的 5YA 得电时，换向阀 5 和 6 都处于右位，换向阀 8 处于中位。此时，两个内泵工作，一个外泵工作，油液最终通向液压缸 11。此时，系统回路的输入流量是$(2+k)q$。

⑤ 当换向阀 7 的 5YA 得电，方向控制阀 5 或者 6 右位得电，方向控制阀 8 右位得电。此时，一个内泵工作，两个外泵工作，油液最终通向液压缸 11。此时，系统回路的输入流量是$(1+2k)q$。

⑥ 当换向阀 7 的 5YA 得电时，方向控制阀 5 和 6 右位得电，方向控制阀 8 右位得电。此时，两个内泵工作，两个外泵工作，油液最终通向液压缸 11。此时，系统回路的输入流量是 $2(1+k)q$。

综合以上分析可知，除去液压缸 9 和液压缸 11 连接方式中的一些等效情况，该调压回路的输入流量共有 q、$2q$、$(1+k)q$、$(1+2k)q$、$(2+k)q$、$2(1+k)q$、kq、$2kq$ 八种。若配合上溢流阀调定不同的压力，就可以实现不同流量、不同压力的输出，该回路即可实现多功能、多功率的输出。

5.1.2　调压回路的节能分析

在如图 5-1 所示的调压回路中，由溢流阀 1、换向阀 5、液压缸 9 组成的回路和由溢流阀 2、换向阀 6、液压缸 10 组成的回路分别由两个外泵供油，溢流阀 1 和 2 调定的压力分别为 p_1、p_2；由溢流阀 3、换向阀 7、液压缸 11 组成的回路和由溢流阀 4、换向阀 8、液压缸 12 组成的回路分别由两个内泵供油，压力由溢流阀 3 和 4 调定，分别为 p_3、p_4。在不用减压阀的条件下就实现了一台定量双作用多泵 4 种压力的输出。令一个内泵流量输出为 q，一个外泵的输出流量为 kq（其中 k 大于 1），与回路数相同但是采用减压阀的减压回路相比减少了 3 个减压阀，减少的功率损耗大小为

$$P_{损}=(p_1-p_2)q+[(p_1-p_3)+(p_1-p_4)]kq \tag{5-1}$$

由此可见，基于多泵的调压回路可以减少能量损耗。此外，由于减压阀本身的结构、泄漏等造成的能量损失会更多，所以基于多泵的调压回路相比理论上减少的能量损耗更多。

5.2 基于多泵多速马达的二级调压回路

5.2.1　二级调压回路的原理与特性

将多泵与多速马达应用到传统的二级调压回路中即可得到基于多泵多速马达的二级调压回路，如图 5-2 所示。

图 5-2 中采用的是单作用的多泵与多速马达，根据多泵多速马达的结构形式，可以有双作用、多作用等不同作用数的多泵多速马达，并且双作用以及多作用的多泵多速马达在调压范围和输出压力方面将体现出更多的优势。通过调节方向控制阀，该回路可以实现多种

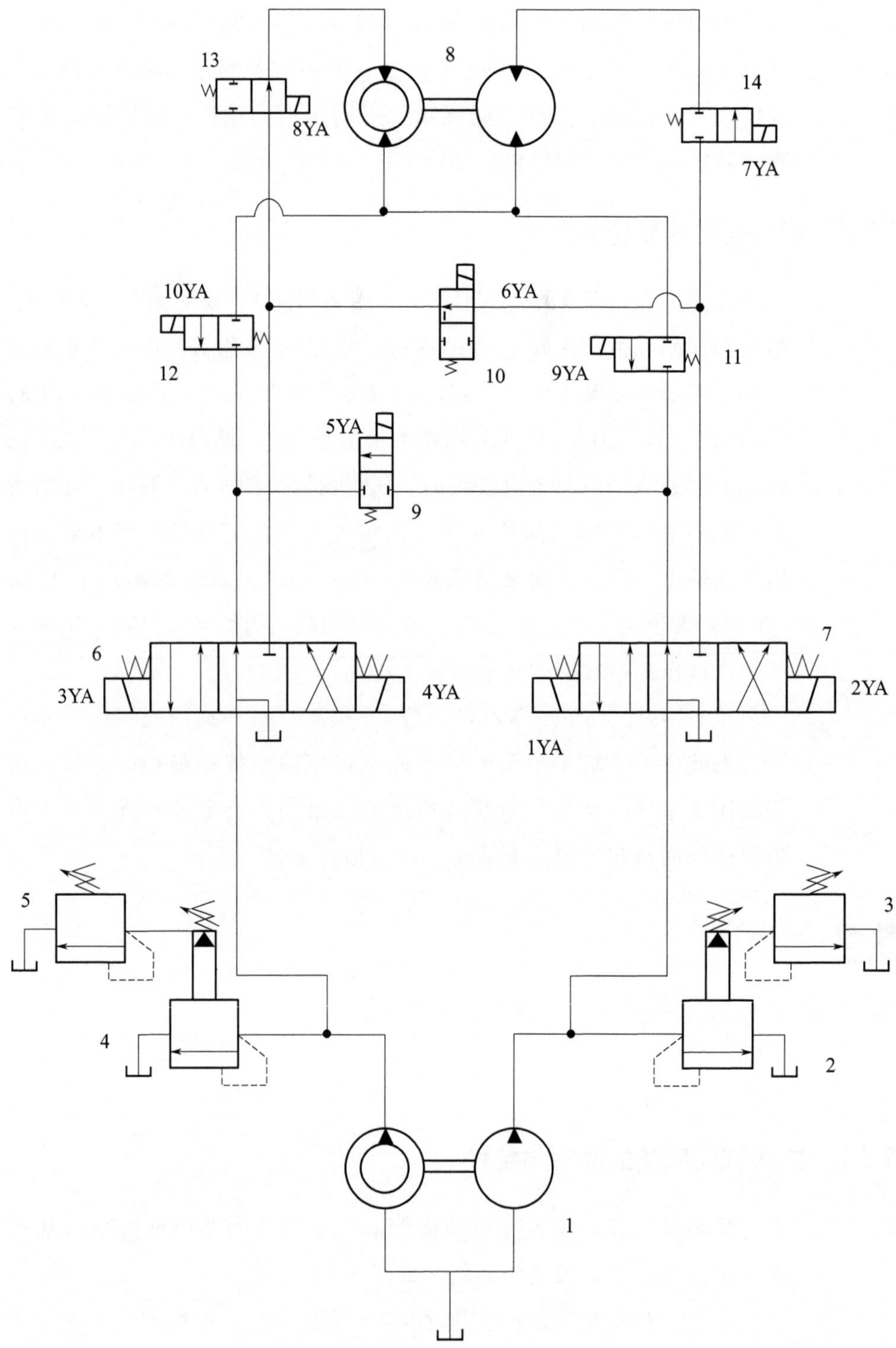

图 5-2　新型多泵多速马达二级调压回路原理

1—双定子单作用泵；2,4—先导式溢流阀；3,5—远程调压阀；6,7—方向控制阀；

8—双定子单作用马达；9～14—两位换向阀

压力、转速、转矩的输出，具体如下。

① 当内泵单独工作时，方向控制阀 6 的左位得电，同时，方向控制阀 12 得电，方向控制阀 9 不得电。此时，内泵单独供油，内马达正转单独驱动负载。

② 当内泵单独工作时，方向控制阀 6 的左位得电，同时，方向控制阀 12 不得电，方向控制阀 9 得电，方向控制阀 11 得电。此时，内泵单独工作，外马达正转单独驱动负载。

③ 当内泵单独工作时，方向控制阀 6 的左位得电，同时，方向控制阀 12 得电，方向控制阀 9 得电，方向控制阀 11 得电。此时，内泵单独工作，内、外马达正转联合驱动负载。

④ 当内泵单独工作时，方向控制阀 6 的右位得电，同时，方向控制阀 13 得电，方向控制阀 10 不得电。此时，内泵单独供油，内马达反转单独驱动负载。

⑤ 当内泵单独工作时，方向控制阀 6 的右位得电，同时，方向控制阀 13 不得电，方向控制阀 10 得电，方向控制阀 14 得电。此时，内泵单独工作，外马达反转单独驱动负载。

⑥ 当内泵单独工作时，方向控制阀 6 的右位得电，同时，方向控制阀 13 得电，方向控制阀 10 得电，方向控制阀 14 得电。此时，内泵单独工作，内、外马达反转联合驱动负载。

5.2.2　二级调压回路的静态特性

(1) 恒负载工况

对于传统的二级减压回路来说，液压泵的输出功率为 $P=p_{\rm p}q_{\rm q}$，对于定量泵来说，液压泵的输出功率 P 为常数，与负载力 F 无关。在此，假设负载的压力可以达到最大溢流阀的调节压力。液压泵的输出功率 P 为

$$P=P_0+\Delta P_i \tag{5-2}$$

$$P_0=Fv=p_1q_1 \tag{5-3}$$

式中　P_0——液压马达的输出功率，W；

ΔP_i——溢流阀上的功率损失，W。

其中，$i=1,2$，分别为溢流阀 2、3 调定压力 p_1、p_2 时情况。

$$\Delta P_i = p_i(q_q - q_1) \tag{5-4}$$

由以上公式可得恒负载下的功率特性，如图 5-3 所示。

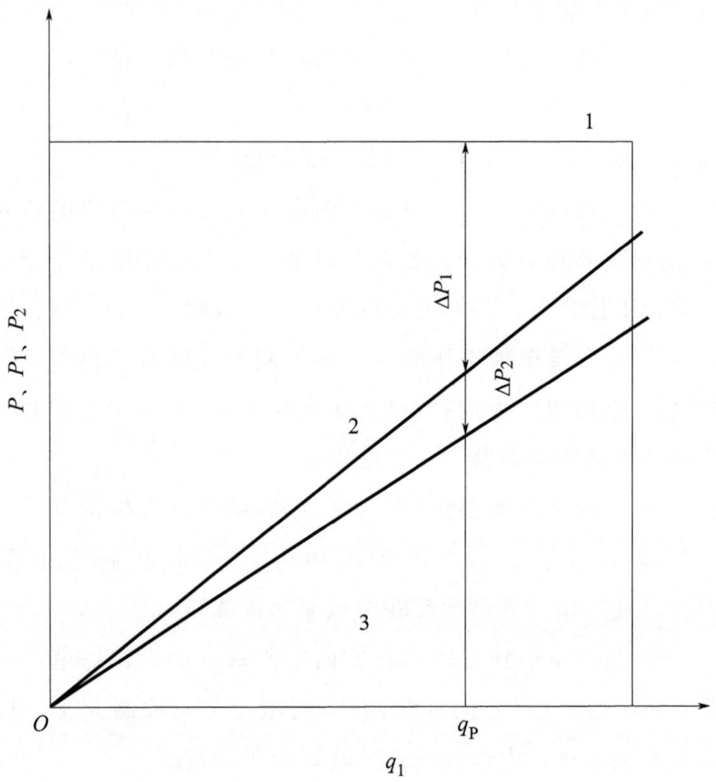

图 5-3 传统回路恒负载工况下的特征曲线

1—液压泵的功率特征曲线；2—溢流阀 2 调定压力下的功率特征曲线；3—溢流阀 3 调定压力下的功率特征曲线

图 5-3 中

$$\Delta P_1 = p_1(q_q - q_1) \tag{5-5}$$

$$\Delta P_2 = p_2(q_q - q_1) \tag{5-6}$$

基于多泵多速马达的二级调压回路的调压范围是传统回路的 2 倍，以图 5-3 为基础可得出基于多泵多速马达的调压回路的特征曲线，如图 5-4 所示，通过调定溢流阀的压力，便可实现不同压力下的功率特性曲线。

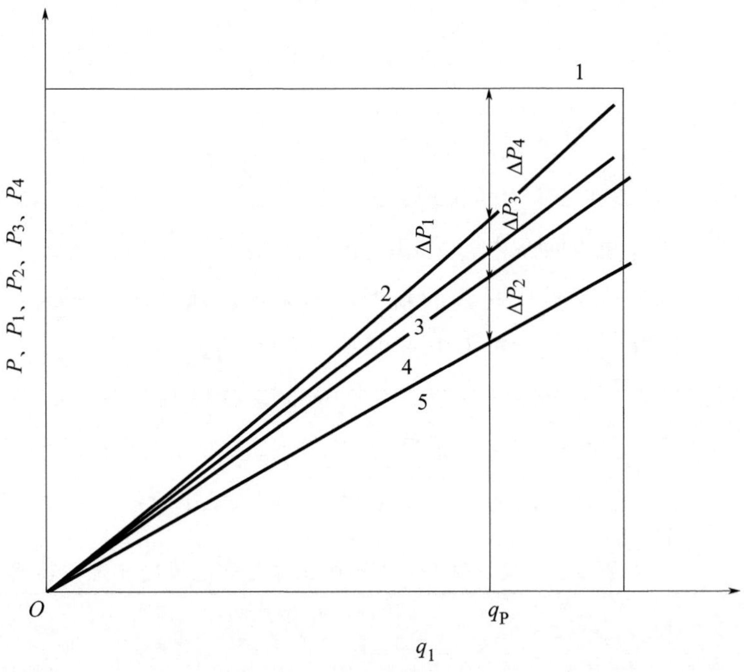

图 5-4　基于多泵多速马达的调压回路恒负载工况下的特征曲线

1—液压泵的功率特征曲线；2—溢流阀 2 调定压力下的功率特征曲线；3—溢流阀 3 调定压力下的功率特征曲线；4—溢流阀 4 调定压力下的功率特征曲线；5—溢流阀 5 调定压力下的功率特征曲线

图 5-4 中各参数分别为

$$\Delta P_1 = p_1(q_q - q_1) \tag{5-7}$$

$$\Delta P_2 = p_2(q_q - q_1) \tag{5-8}$$

$$\Delta P_3 = p_3(q_q - q_1) \tag{5-9}$$

$$\Delta P_4 = p_4(q_q - q_1) \tag{5-10}$$

式中　p_3——溢流阀 4 调定的压力；

p_4——溢流阀 5 调定的压力。

(2) 恒功率工况

传统的回路在恒功率工况下马达的输出功率为

$$P_m = q_m \Delta p = T_m \omega \tag{5-11}$$

对于传统的二级调压回路来说，液压马达的转矩计算公式为

$$T_t=\frac{\Delta pV}{2\pi} \tag{5-12}$$

式中，Δp——液压马达进、出口压力差，Pa；

V——马达的排量，m^3/r。

传统调压回路中若采用定量马达是不能进行速度调节的，但是对于基于多泵多速马达的新型回路来说，通过改变马达的进、出油口可以等比例的改变马达排量，当一个内或外马达工作，两个马达同时工作，两个马达实现差动的时候，这样马达就可以输出四种不同的转矩。令内马达的排量为 V_1，外马达的排量为 V_2，则恒功率工况下不同工作方式的输出转矩和转速如表 5-1 所示。

表 5-1 恒功率工况下不同工作方式的输出转矩和转速

输出	工作方式			
	内马达单独工作	外马达单独工作	内、外马达同时工作	内、外马达差动工作
转矩	$T_1=\frac{\Delta pV_1}{2\pi}$	$T_2=\frac{\Delta pV_2}{2\pi}$	$T_3=\frac{\Delta p(V_1+V_2)}{2\pi}$	$T_4=\frac{\Delta p(V_2-V_1)}{2\pi}$
转速	$\frac{2\pi P_m}{\Delta pV_1}$	$\frac{2\pi P_m}{\Delta pV_2}$	$\frac{2\pi P_m}{\Delta p_1(V_1+V_2)}$	$\frac{2\pi P_m}{\Delta p_1(V_2-V_1)}$

5.3 基于多泵的增压回路

5.3.1 回路的原理

基于多泵的新型多级增压回路如图 5-5 所示，当内泵单独工作时（此时外泵卸荷），即换向阀 4 电磁铁得电，换向阀 5 电磁铁得电，换向阀 6 电磁铁不得电，此时系统的压力由溢流阀 2 来调定，为 p_1。

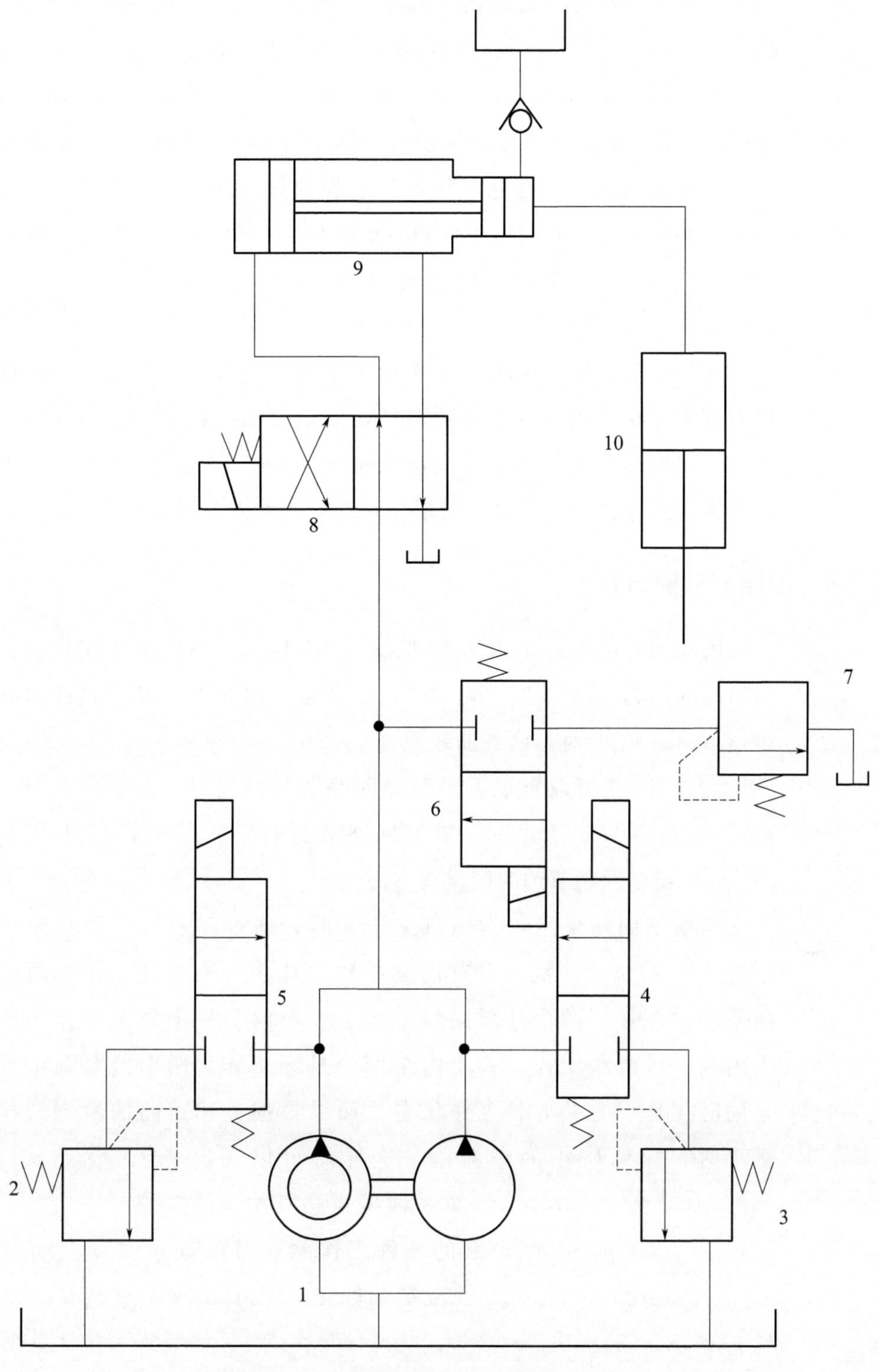

图 5-5　基于多泵的新型多级增压回路

1—双定子泵；2,3,7—溢流阀；4,5,6,8—换向阀；9—增压缸；10—液压缸当外泵单独工作时（此时内泵卸荷），即换向阀 5 的电磁铁不得电，换向阀 4 的电磁铁不得电，换向阀 6 的电磁铁不得电，此时系统的压力由溢流阀 3 来调定，为 p_2。当内、外泵同时工作时，即换向阀 4 电磁铁得电，换向阀 5 电磁铁得电，换向阀 6 电磁铁得电，此时系统的压力由溢流阀 7 来调定，为 p_3。当换向阀 8 的右位工作时，增压缸工作实现增压，假设增压缸的面积比为 i，则回路中多泵在三种不同工作方式下系统输出压力分别为 ip_1、ip_2、ip_3，其中 $p_1<p_2<p_3$。

与传统的多级增压回路（图 5-6）相比，基于多泵的多级增压回路中省去了很多控制阀，如单向阀，而单向阀存在正向最小开启压力、正向流动压力损失、反向泄漏量等问题，因此，基于多泵的多级增压回路相比于传统的多级增压回路会大大提高回路的效率。

5.3.2 回路的节能分析

增压回路的压力-流量特性曲线如 5-7 所示，图中细实线代表传统回路的压力-流量曲线，粗实线代表新型回路的压力-流量曲线（其中当 $p_2<p<p_3$ 时，两条曲线重合）。

通过图 5-7 可以直观看出新型回路节能的优势。由于功率 $P=pq$，所以在 $0<p<p_1$ 时，新型回路节约的能量为 S_1，当时 $p_1<p<p_2$，新型回路节约的能量为 S_2。

当新型回路采用双作用双定子泵时，通过改变双作用双定子泵的进、出油口，就可以有内泵单独工作、外泵单独工作、两个内泵同时工作、两个外泵同时工作、一个内泵一个外泵工作、两个内泵一个外泵工作、一个内泵两个外泵工作、两个内泵两个外泵同时工作，总共 8 种工作状态。如果根据上述回路的原则，排量小时，配调压小的溢流阀，这样就可以调定 p_{11}、p_{12}、p_{13}、p_{14}、p_{15}、p_{16}、p_{17}、p_{18} 共 8 种压力，其中 $p_{11}<p_{12}<p_{13}<p_{14}<p_{15}<p_{16}<p_{17}<p_{18}$；泵的 8 种工作状态可以有 q_{11}、q_{12}、q_{13}、q_{14}、q_{15}、q_{16}、q_{17}、q_{18} 8 种流量的输出，其中 $q_{11}<q_{12}<q_{13}<q_{14}<q_{15}<q_{16}<q_{17}<q_{18}$。

传统回路与双作用双定子泵新型系统工作时压力-流量特性曲线如图 5-8 所示，图中细实线代表传统回路的压力-流量曲线，粗实线

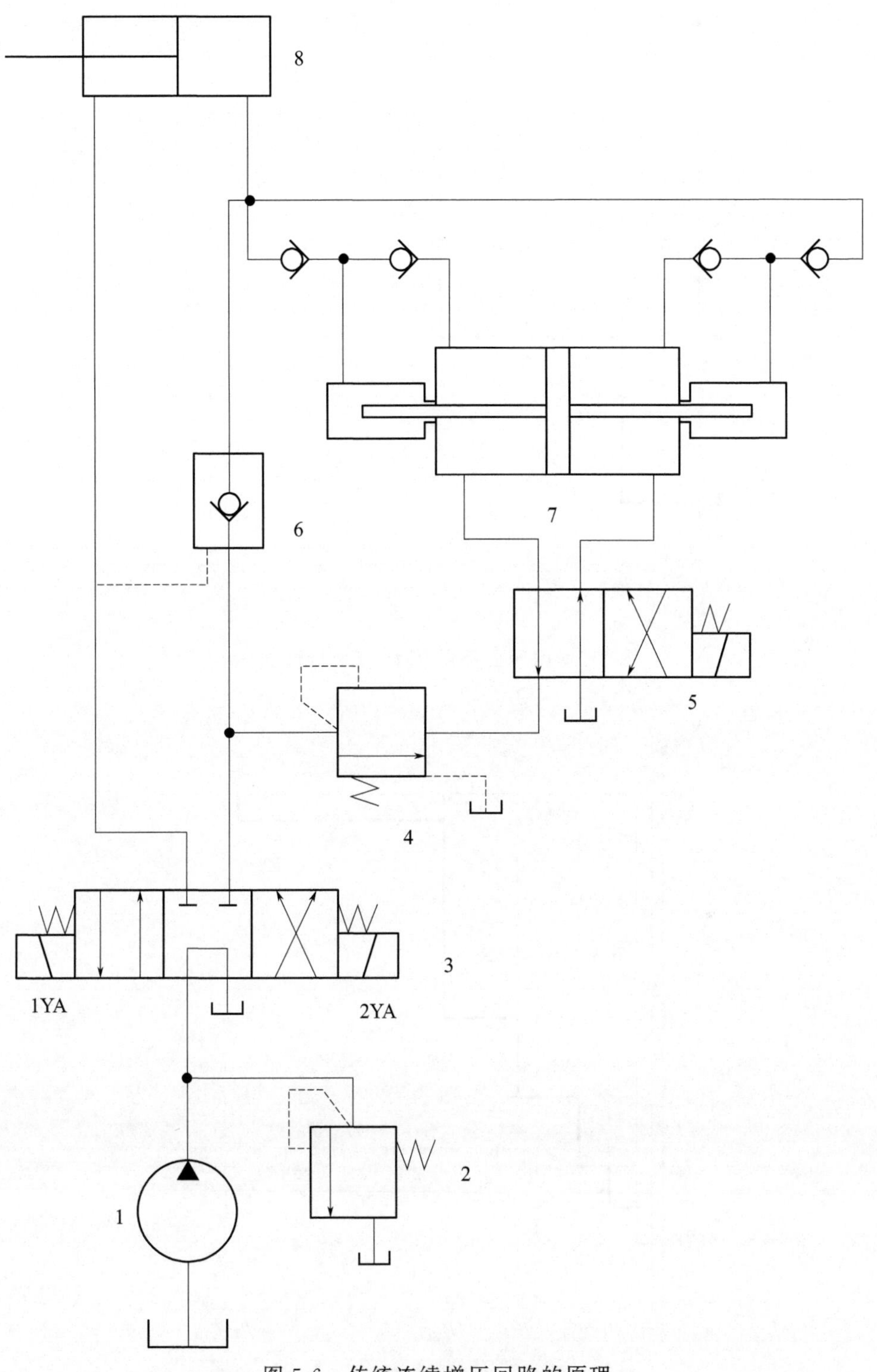

图 5-6　传统连续增压回路的原理

1—液压泵；2—溢流阀；3,5—换向阀；4—顺序阀；6—液控单向阀；7—增压缸；8—液压缸

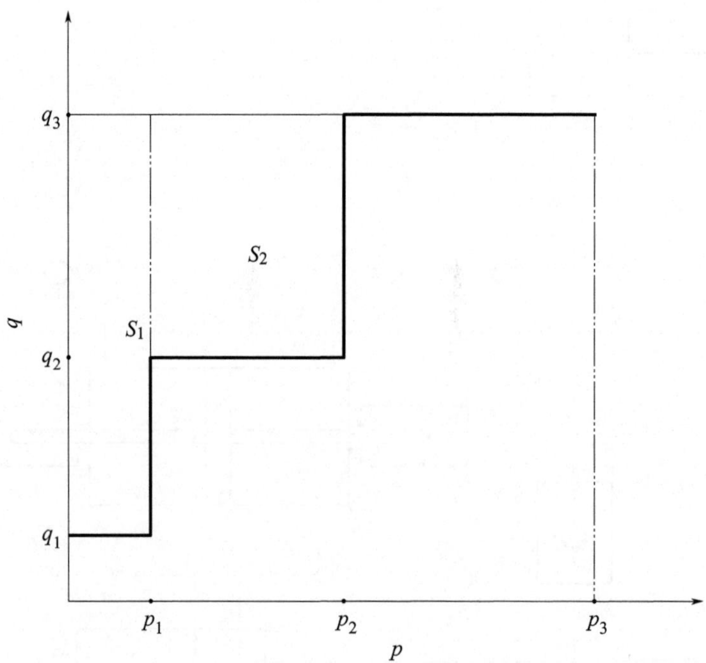

图 5-7　增压回路的压力-流量特性曲线

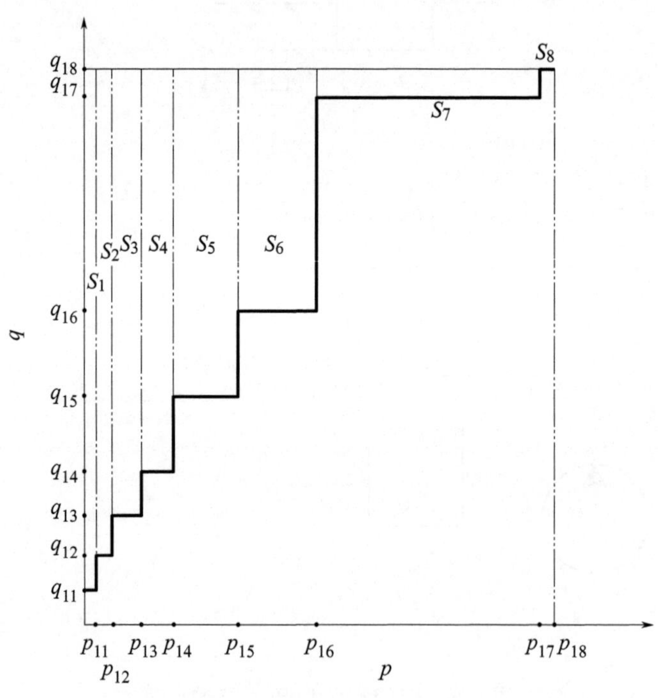

图 5-8　增压回路的压力-流量特性曲线

代表双作用双定子泵新型回路的压力-流量曲线，其中当 $p_{17}<p<p_{18}$ 时，两条曲线重合 $S_8=0$。

图 5-8 中，S_1、S_2、S_3、S_4、S_5、S_6、S_7、S_8 分别为不同压力下节省的能量。在此，假定 $p_3=p_{18}$、$p_2=p_{16}$、$p_1=p_{13}$，$q_3=q_{18}$、$q_2=q_{16}$、$q_1=q_{13}$，所以当 $0<p<p_{11}$ 时，单作用双定子泵新型系统输出的功率为 $P_{单1}=pq_1$；双作用双定子泵新型系统输出的功率为 $P_{双1}=pq_{11}$；所以在该压力范围内双作用双定子泵新型回路比单作用双定子泵新型回路节省的能量为

$$P_{节1}=(q_1-q_{11}) \tag{5-13}$$

当 $p_{11}<p<p_{12}$ 时，单作用双定子泵新型系统输出的功率为 $P_{单2}=pq_1$；双作用双定子泵新型系统输出的功率为 $P_{双2}=pq_{12}$；所以在该压力范围内双作用双定子泵新型回路比单作用双定子泵新型回路节省的能量为

$$P_{节2}=(q_1-q_{12}) \tag{5-14}$$

当 $p_{12}<p<p_{13}$ 时，单作用双定子泵新型系统输出的功率为 $P_{单3}=pq_1$；双作用双定子泵新型系统输出的功率为 $P_{双3}=pq_{13}$；因为 $q_1=q_{13}$，所以当 $p_{12}<p<p_{13}$ 时，单作用双定子泵新型系统和双作用双定子泵新型回路是等效的，没有节能效果，即

$$P_{节3}=0 \tag{5-15}$$

同理可以得到：当 $p_{13}<p<p_{14}$ 时，双作用双定子泵新型回路比单作用双定子泵新型回路节省的能量为

$$P_{节4}=(q_2-q_{14}) \tag{5-16}$$

当 $p_{14}<p<p_{15}$ 时，节省的能量为

$$P_{节5}=(q_2-q_{15}) \tag{5-17}$$

当 $p_{15}<p<p_{16}$ 时，节省的能量为

$$P_{节6}=0 \tag{5-18}$$

当 $p_{16}<p<p_{17}$ 时，节省的能量为

$$P_{节7}=(q_3-q_{17}) \tag{5-19}$$

当 $p_{17}<p<p_{18}$ 时，节省的能量为

$$P_{节8}=0 \tag{5-20}$$

根据上述分析可知：由于双作用双定子泵可以输出更多流量，所以每种流量配一个调压阀，这样就可以在更小的压力范围内有相

适应的流量，因此双作用双定子泵新型回路相比于单作用双定子泵新型回路更节能。

5.4
基于多泵的调压回路仿真实例

5.4.1　模型建立与参数设置

基于多泵的调压回路仿真模型如图 5-9 所示，模型参数如表 5-2 所示。

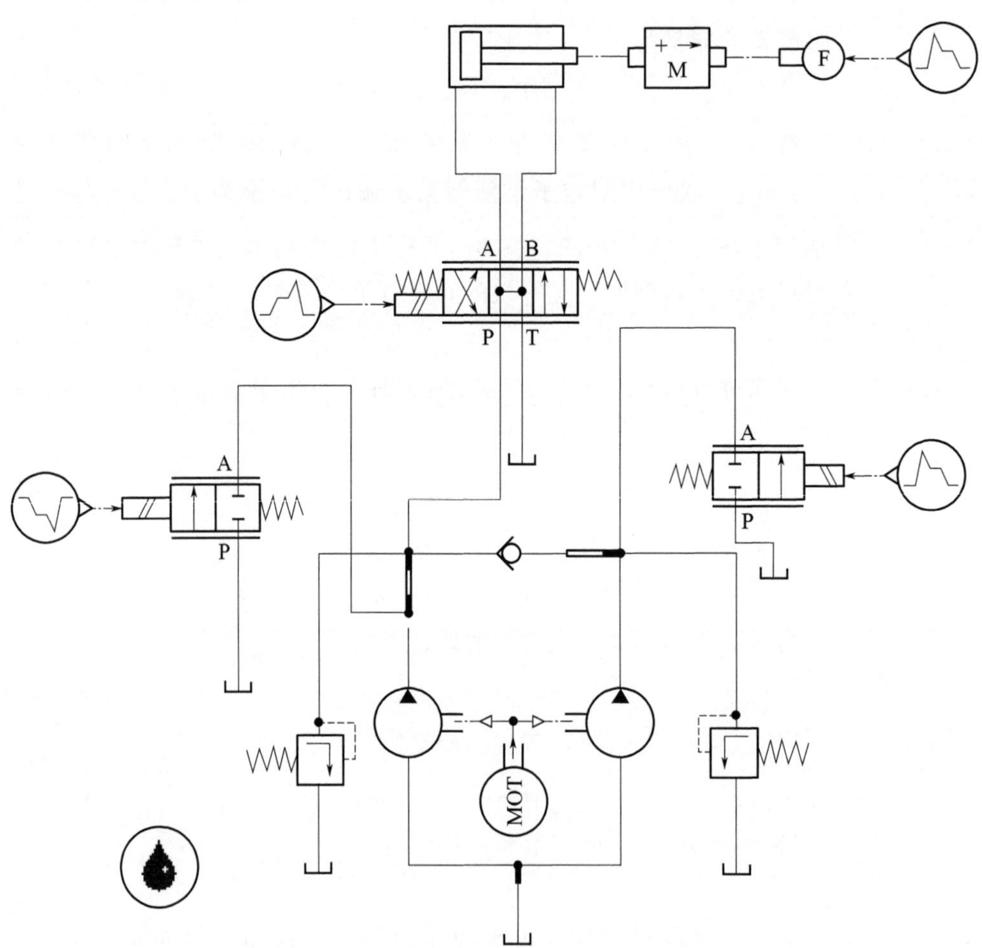

图 5-9　基于多泵的调压回路仿真模型

表 5-2　多泵调压回路的模型参数

名称	参数值
负载	10000kg
双定子泵内泵排量	50mL/r
双定子泵外泵排量	70mL/r
双定子泵转速	1000r/min
溢流阀(右)调压范围	15MPa
溢流阀(左)调压范围	10MPa
液压缸直径	125mm
管道通径	12mm

5.4.2　仿真结果分析

进入仿真后，设置回路仿真时间为 10s，仿真时间间隔为 0.1s。可以得到以下仿真曲线，如图 5-10 和图 5-11 所示。

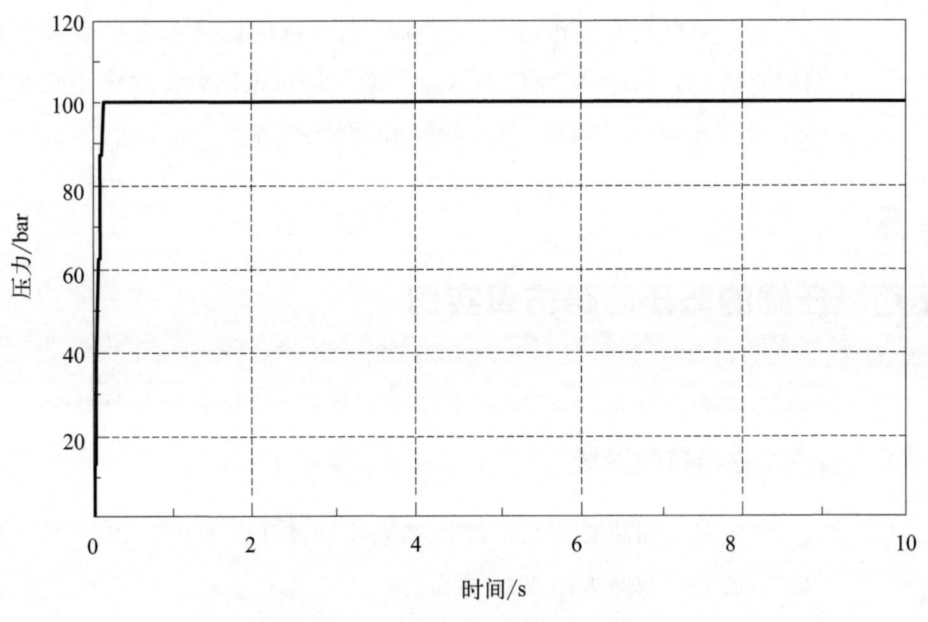

图 5-10　内泵单独工作的压力曲线

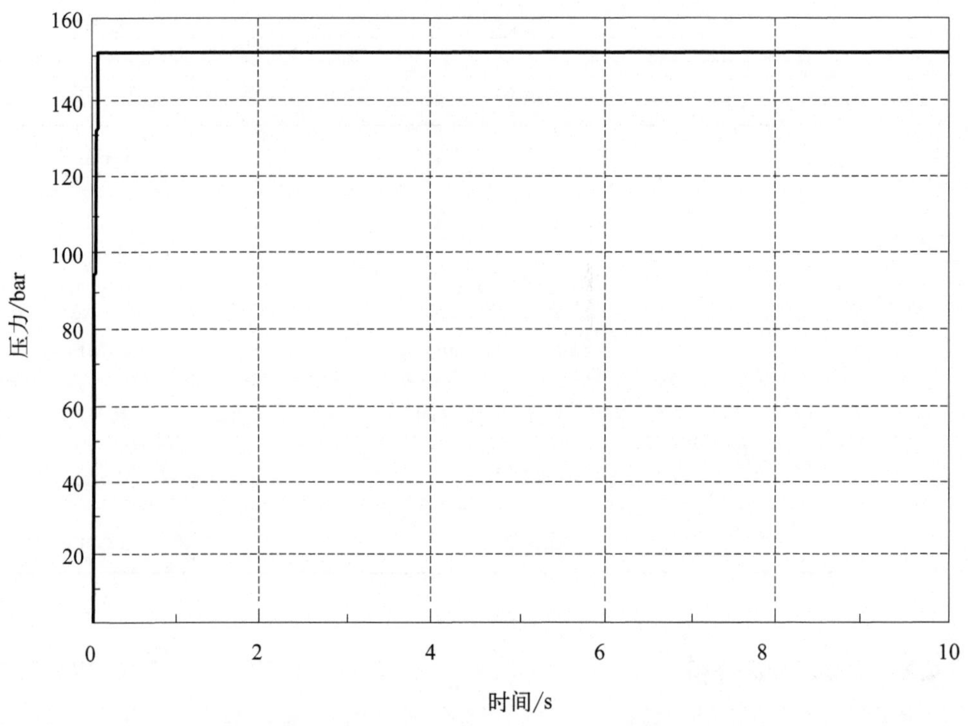

图 5-11 外泵单独工作的压力曲线

同样使用单级调压阀，上述回路调压范围是单定子泵调压回路的 2 倍，如果使用双作用双定子泵，调压范围就是单定子泵调压回路的 4 倍，若采用 N 作用的双定子泵，调压范围就是单定子泵调压回路的 N 倍，大大提高了液压系统的调压范围。

5.5 不用减压阀的调压回路仿真实例

5.5.1 模型建立与参数设置

传统减压回路必须采用减压阀来实现减压，如图 5-12 所示，采用多泵的调压回路如图 5-13 所示。

上述两种回路中的参数设置分别如表 5-3 和表 5-4 所示。

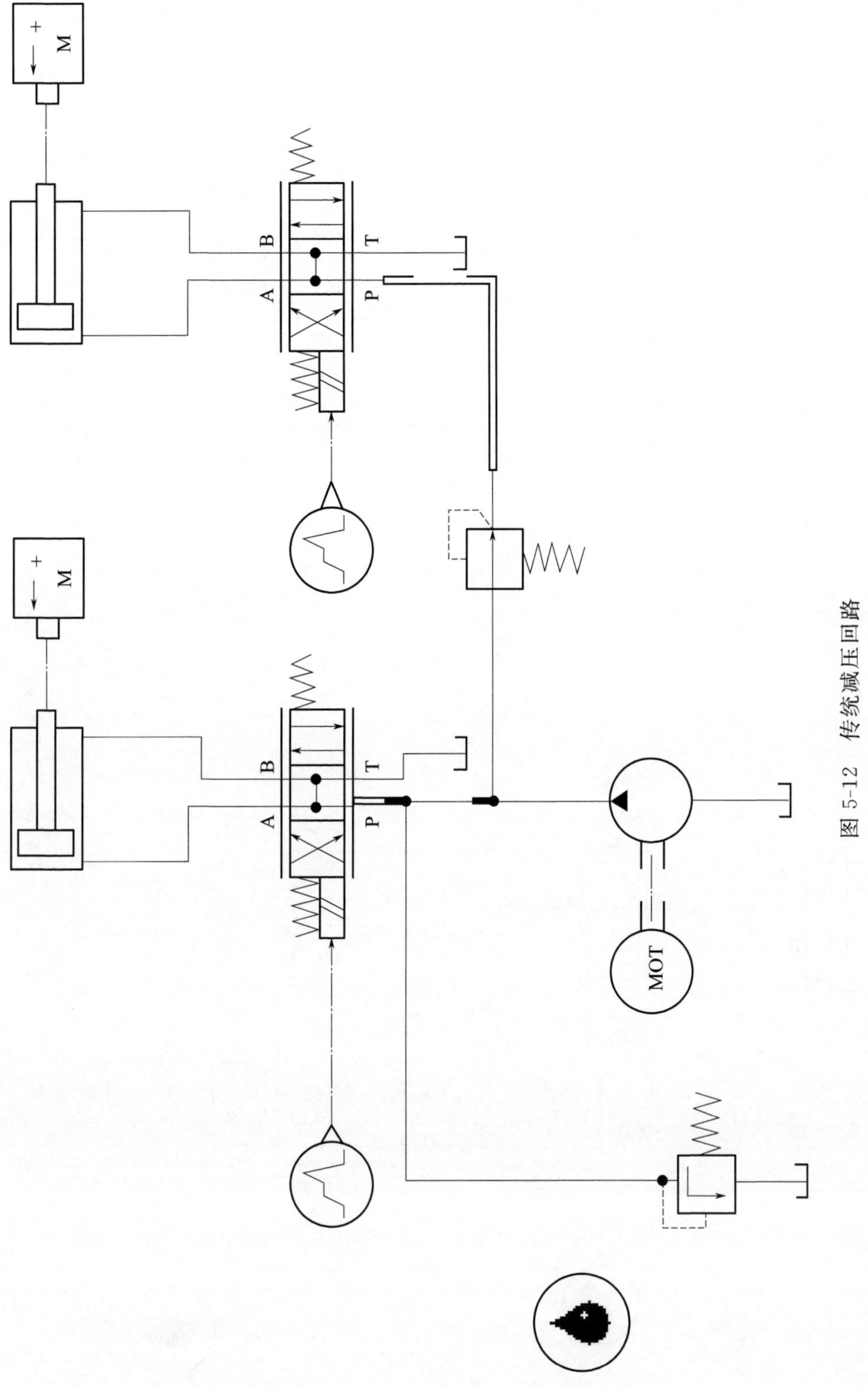

图 5-12　传统减压回路

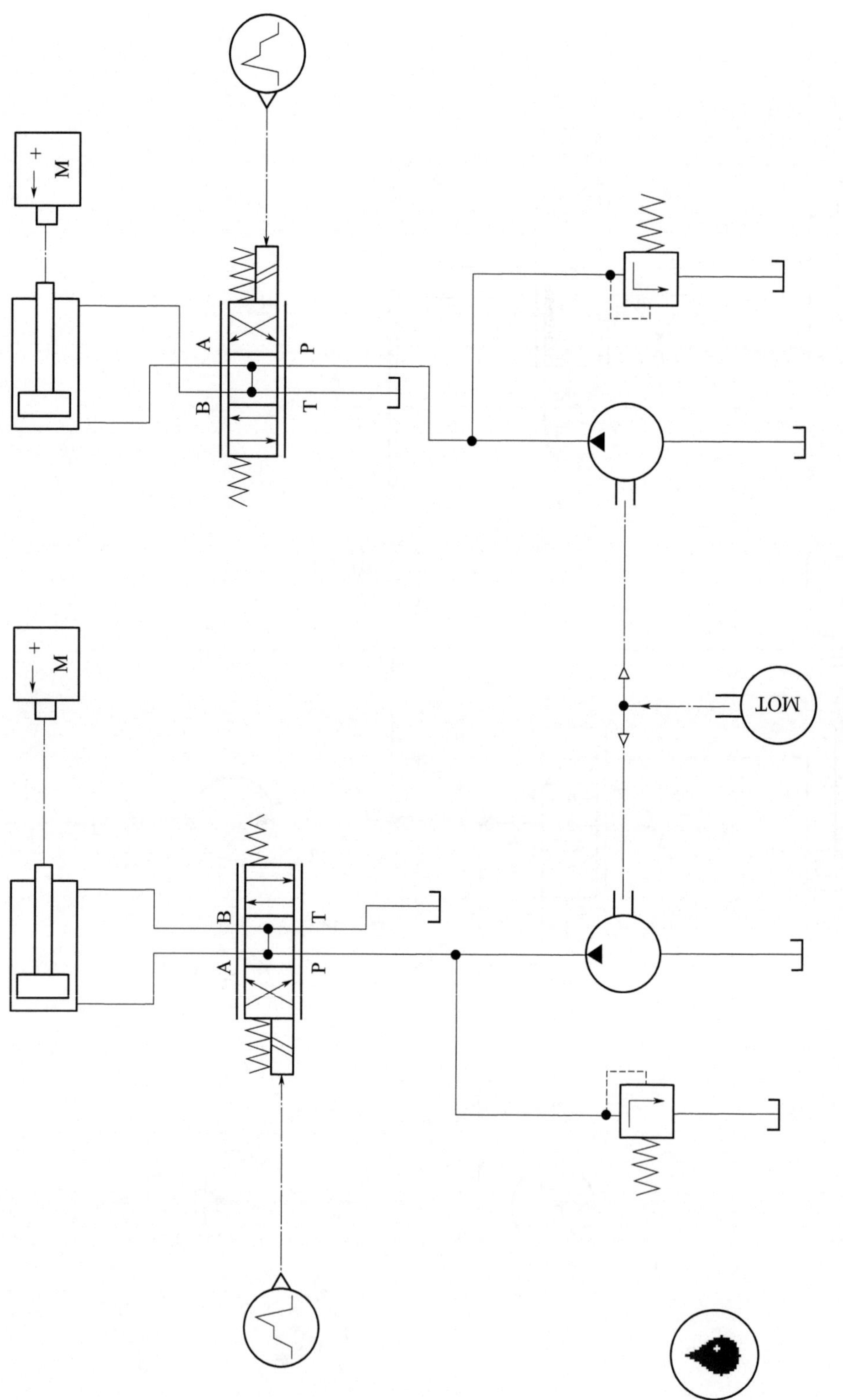

图 5-13 采用多泵的调压回路

表 5-3　传统减压回路的模型参数

名称	参数值
负载(右)	10000kg
负载(左)	15000kg
液压泵排量	70mL/r
电机转速	1000r/min
溢流阀调压范围	15MPa
减压阀调压范围	10MPa
液压缸直径	125mm
管道通径	12mm

表 5-4　不用减压阀的调压回路的模型参数

名称	参数值
负载(右)	10000kg
负载(左)	15000kg
双定子泵内泵排量	50mL/r
双定子泵外泵排量	70mL/r
双定子泵转速	1000r/min
溢流阀(左)调压范围	15MPa
溢流阀(右)调压范围	10MPa
液压缸直径	125mm
管道通径	12mm

5.5.2 仿真结果分析

进入仿真后，设置传统减压回路仿真时间为 5s，仿真时间间隔为 0.1s；设置不用减压阀的调压回路仿真时间为 6s，仿真时间间隔为 0.1s。可以得到以下仿真曲线，如图 5-14 和图 5-15 所示。

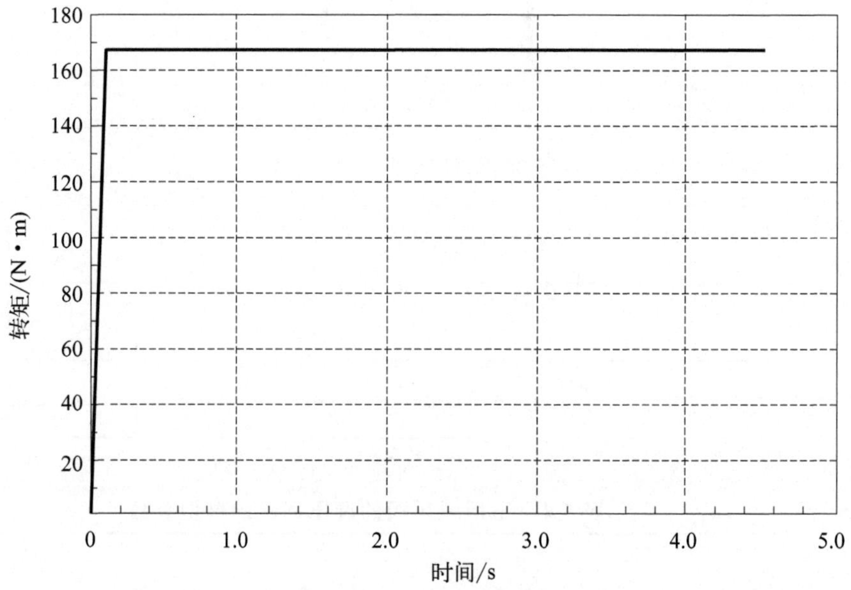

图 5-14 传统减压回路泵的输出转矩

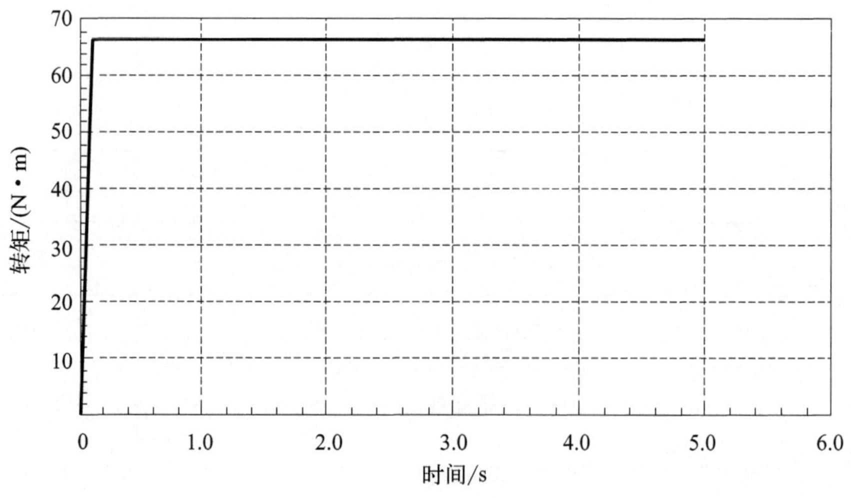

图 5-15 不用减压阀的调压回路泵（新型回路泵）的输出转矩

因为回路用的相同的电机转速为 1000r/min，根据液压泵的输入功率 $P_{ip}=\frac{2\pi T_p n}{60}$，可以看到在转速相同的情况下，液压泵的输出转矩越大，液压泵的输入功率越大，消耗的能量越多，从图 5-14 和图 5-15 可以清楚看到传统减压回路的转矩比新型回路的转矩大得多，新型回路能够实现节能的效果。对传统减压回路中减压阀进、出油口的压力进行仿真，结果如图 5-16 所示。

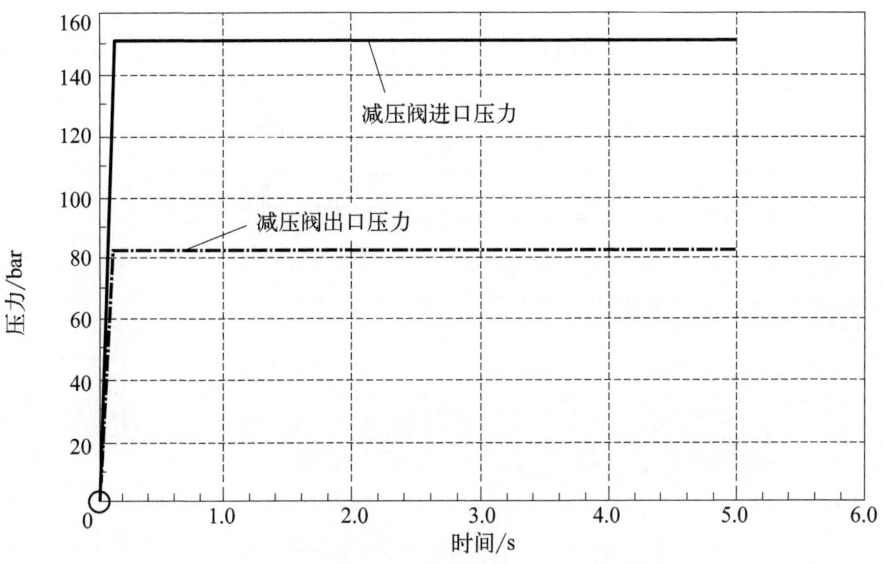

图 5-16　传统回路中减压阀进、出油口的压力

在传统减压回路中，系统所调定的压力为 15MPa。而减压阀所在的支路所需的压力为 8.17MPa，此时有接近一半的压力浪费，从而大大减少液压系统的效率，造成了能量的浪费。

5.6
多泵多速马达增压回路仿真实例

5.6.1　模型建立与参数设置

因为液压库中没有增压缸的模型，所以需要通过液压设计库设计增压缸的模型，增压缸的仿真模型如图 5-17 所示，但需注意的是参数设置时必须满足右腔的直径小于左腔的直径方可实现增压。

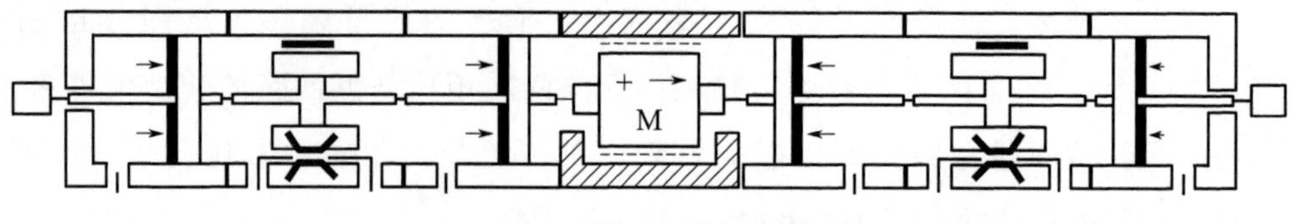

图 5-17 增压缸的仿真模型

传统增压回路的仿真模型如图 5-18 所示，参数设置见表 5-5。

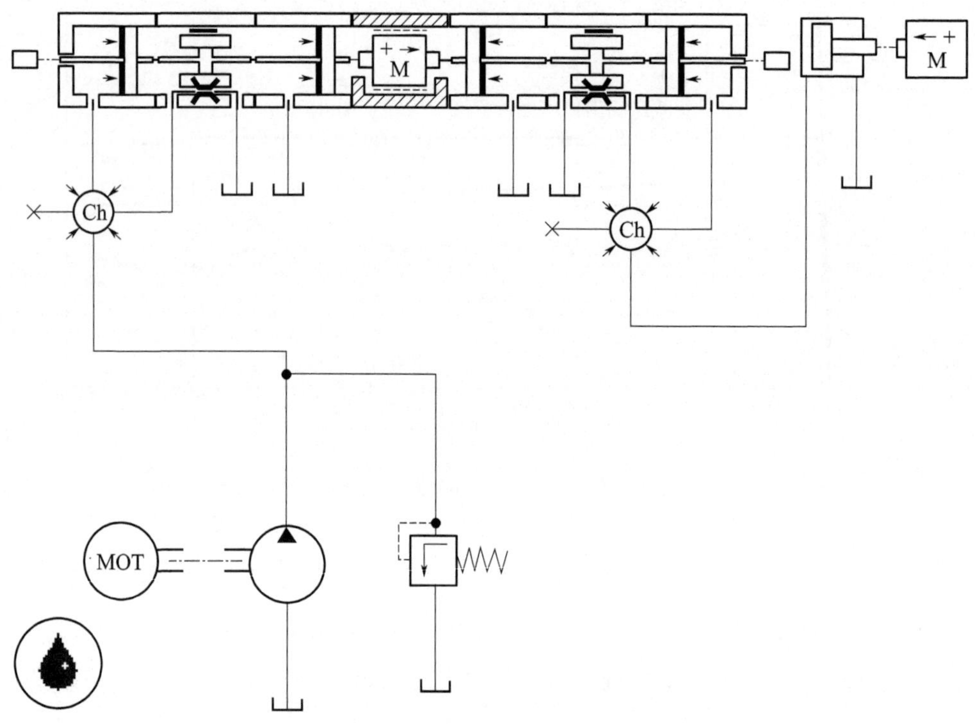

图 5-18 传统增压回路的仿真模型

表 5-5 系统主要仿真参数

名称	参数值
增压缸低压缸活塞直径	140mm
增压缸高压缸活塞直径	120mm

续表

名称	参数值
液压泵排量	120mL/r
双定子泵转速	1000r/min
溢流阀调压范围	15MPa
液压缸直径	100mm

新型多泵多速马达增压回路在 AMEsim 建模如图 5-19 所示，参数设置如表 5-6 所示。

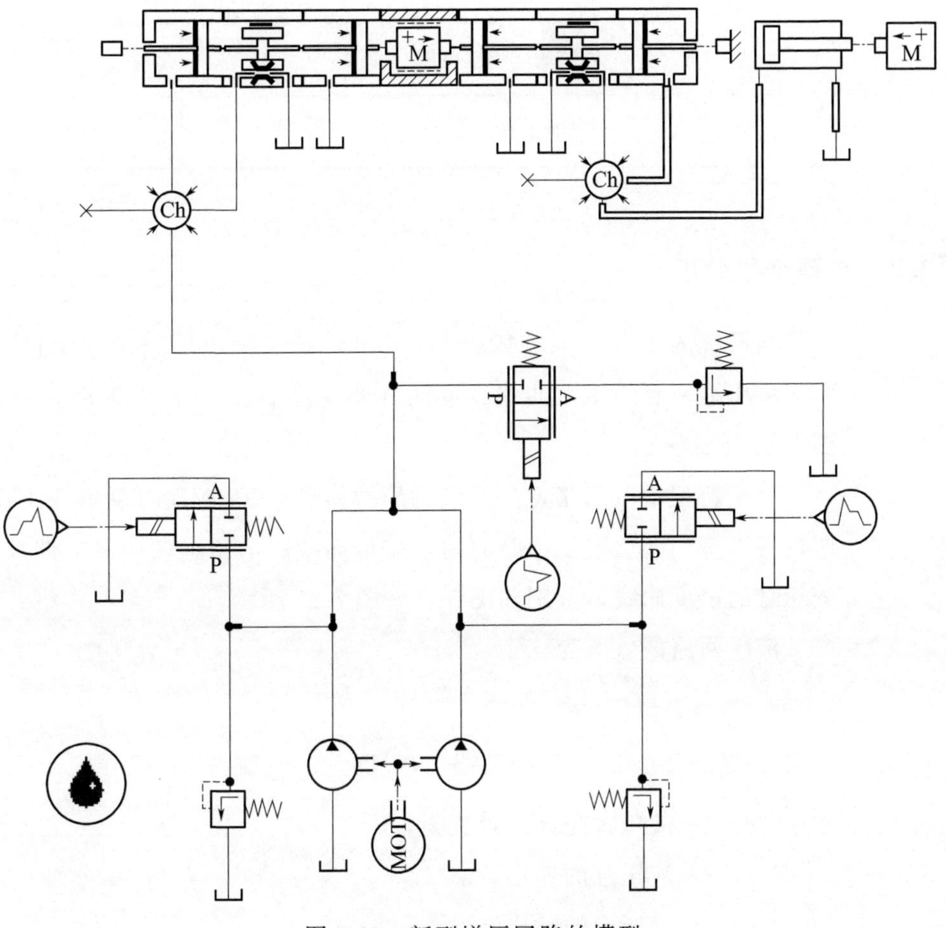

图 5-19　新型增压回路的模型

表 5-6 系统主要 AMEsim 仿真参数

名称	参数值
增压缸低压缸活塞直径	140mm
增压缸高压缸活塞直径	120mm
双定子泵内泵排量	50mL/r
双定子泵外泵排量	70mL/r
双定子泵转速	1000r/min
溢流阀 2 调压范围	5MPa
溢流阀 3 调压范围	10MPa
溢流阀 4 调压范围	15MPa
液压缸直径	100mm

5.6.2 仿真结果分析

当系统的压力 $p<5$MPa 时，可得到传统增压回路液压泵的排量、增压缸两腔的压力曲线、液压缸的速度曲线，分别如图 5-20～图 5-22 所示。

对于新型增压回路，当系统的压力 $p<5$MPa，且内泵单独工作时，可以得到新型增压回路的内泵排量曲线、增压缸两腔压力曲线、液压缸的速度曲线，分别如图 5-23～图 5-25 所示。

液压回路的效率为

$$\eta=\frac{Fv}{q_t\Delta p} \tag{5-21}$$

式中 F——液压缸受到的负载力，F；

v——液压缸的速度，m/s；

q_t——液压泵的输出流量，m^3/s；

Δp——液压泵的进、出油压差，Pa。

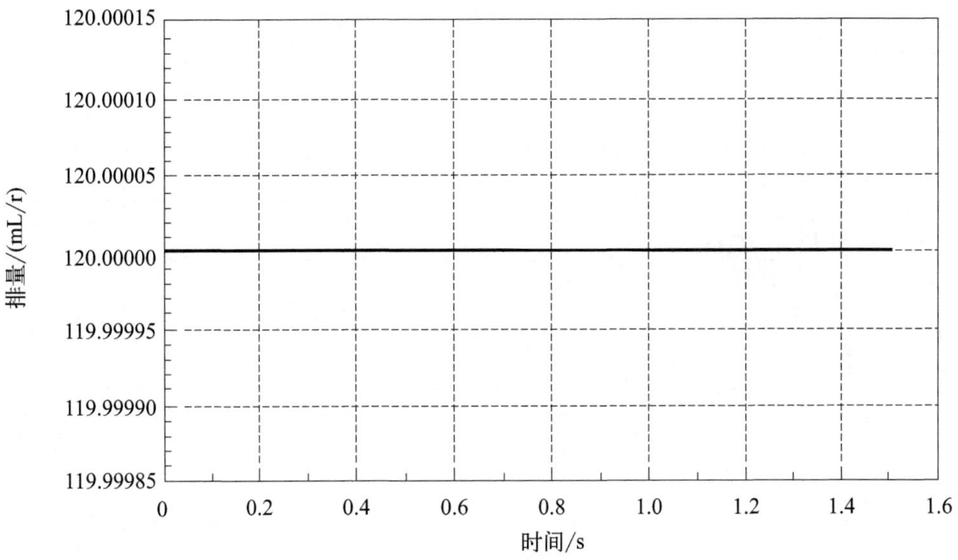

图 5-20　传统回路液压泵的排量

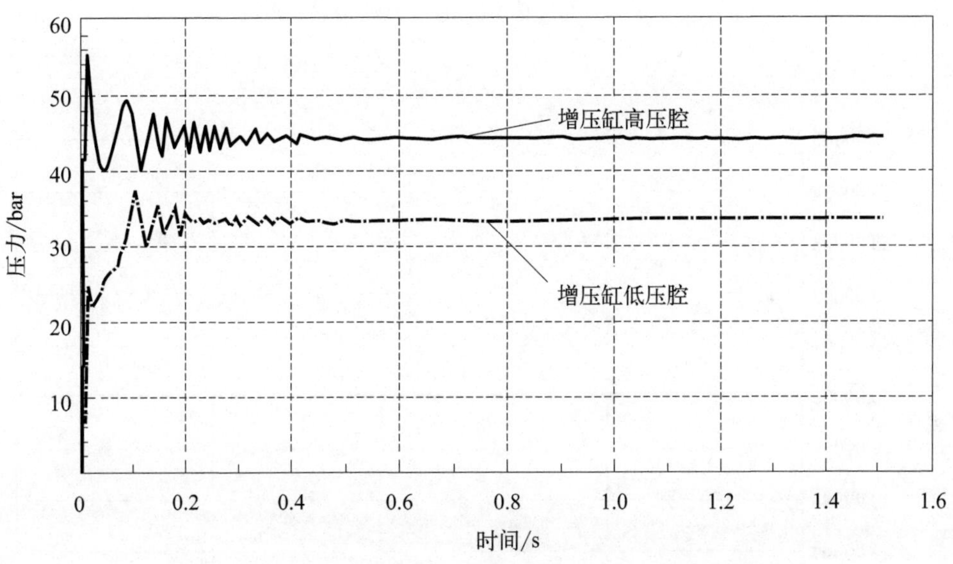

图 5-21　传统回路增压缸两腔压力曲线

新型增压回路效率与传统增压回路的效率之比为

$$\frac{\eta_{新型}}{\eta_{传统}}=\frac{\dfrac{F_{新型}v_{新型}}{q_{t新型}\ \Delta p_{新型}}}{\dfrac{F_{传统}v_{传统}}{q_{t传统}\ \Delta p_{传统}}} \tag{5-22}$$

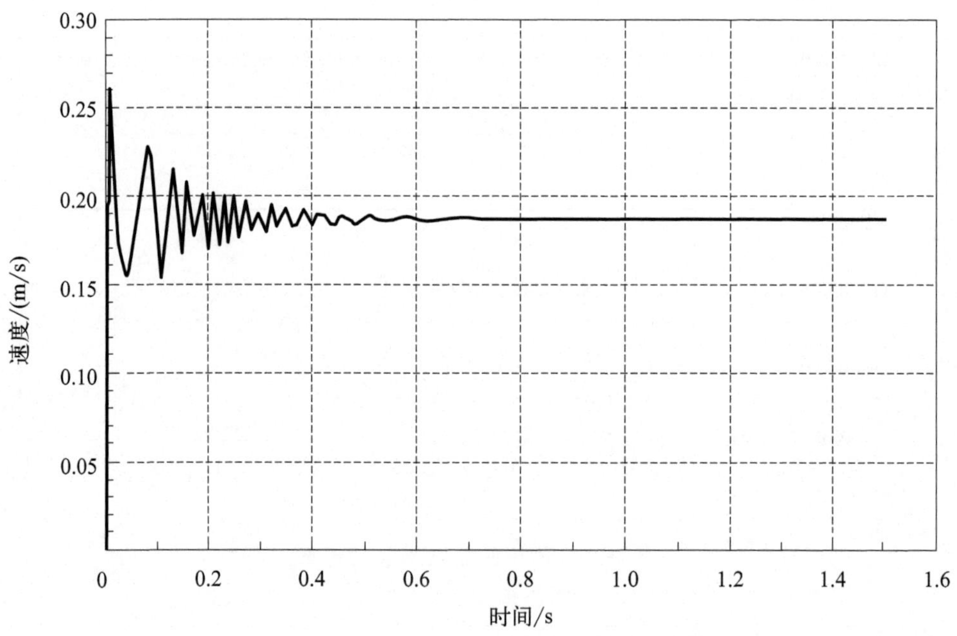

图 5-22　传统增压回路液压缸速度曲线

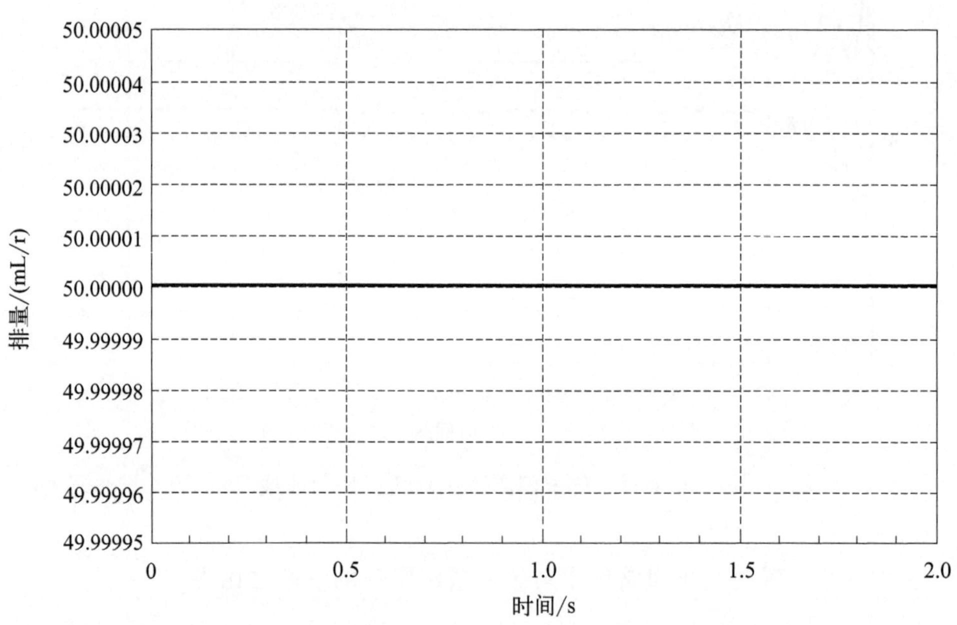

图 5-23　新型回路内泵的排量

因为两个回路中负载相同，所以 F、Δp 是相同的，因此

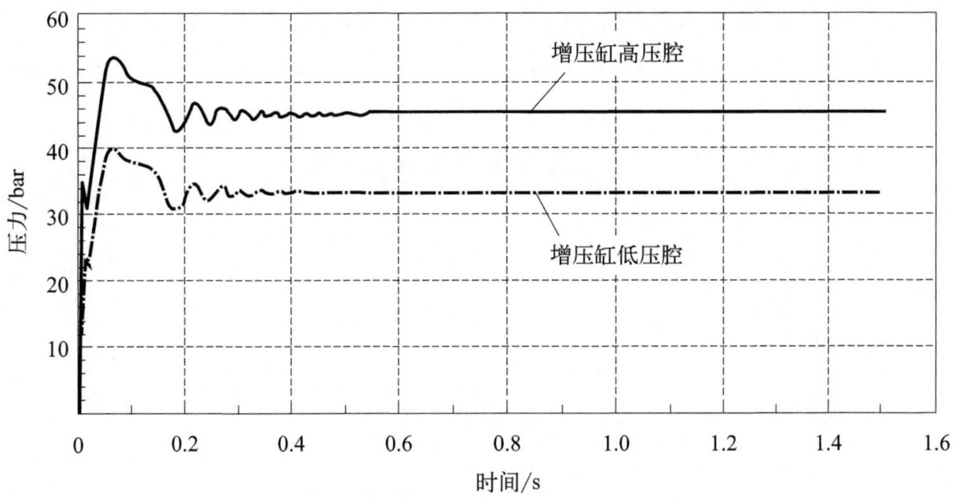

图 5-24　新型回路增压缸两腔压力曲线

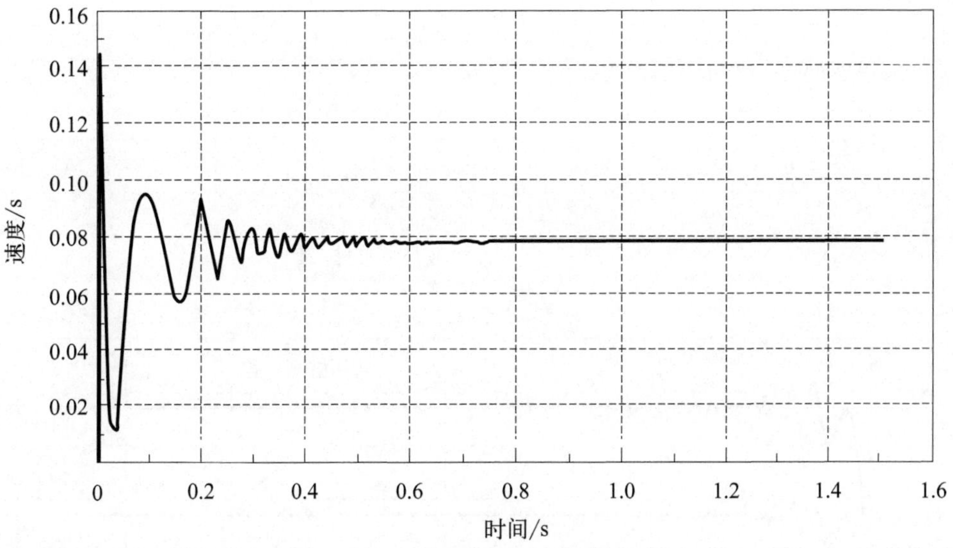

图 5-25　新型回路液压缸速度曲线

$$\frac{\eta_{新型}}{\eta_{传统}}=\frac{\dfrac{v_{新型}}{q_{t新型}}}{\dfrac{v_{传统}}{q_{t传统}}} \tag{5-23}$$

把仿真结果 $v_{新型}=0.085\text{m/s}$、$q_{t新型}=50\text{mL/min}$、$v_{传统}=0.18\text{m/s}$、$q_{t传统}=120\text{mL/min}$ 代入，可以得到 $\eta_{新型}/\eta_{传统}=1.2>1$，从计算结果可以看出新型增压回路的效率高于传统增压回路的效率。

同理，当系统压力 5MPa＜p＜10MPa 时可得出传统的增压回路液压泵的排量、增压缸两腔的压力曲线、液压缸的速度曲线分别如图 5-26～图 5-28 所示。新型增压回路外泵排量的曲线、增压缸两腔压力曲线、液压缸的速度曲线分别如图 5-29～图 5-31 所示。

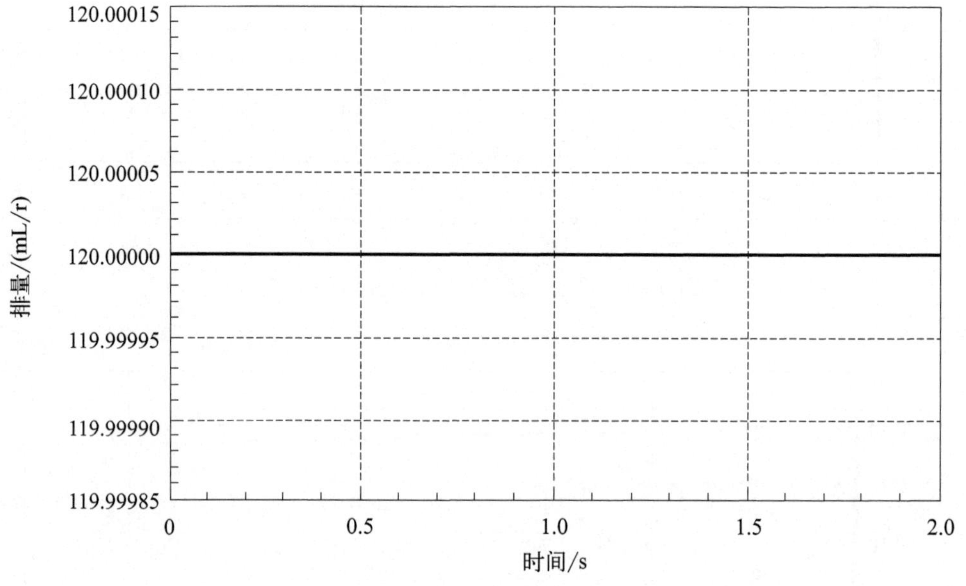

图 5-26 传统回路液压泵的排量

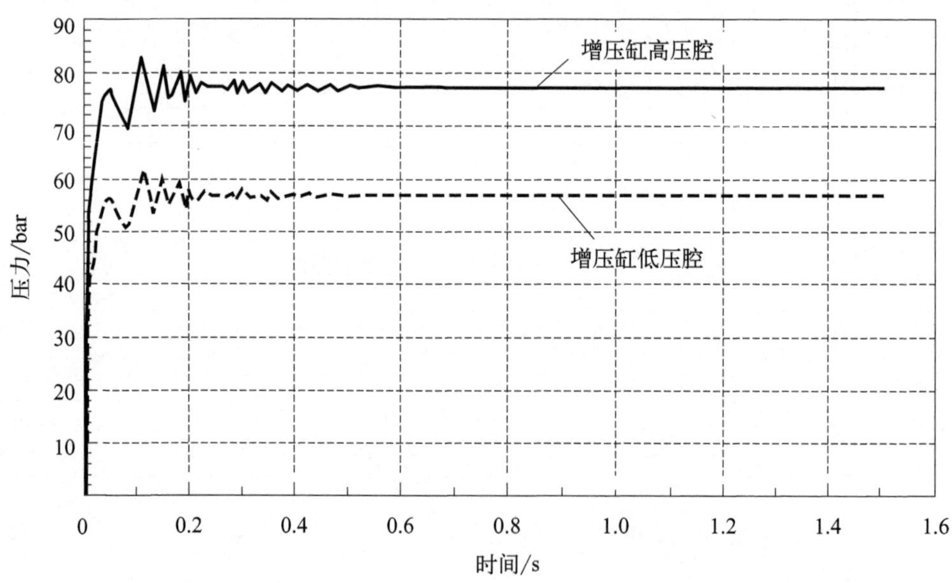

图 5-27 传统回路增压缸两腔压力曲线

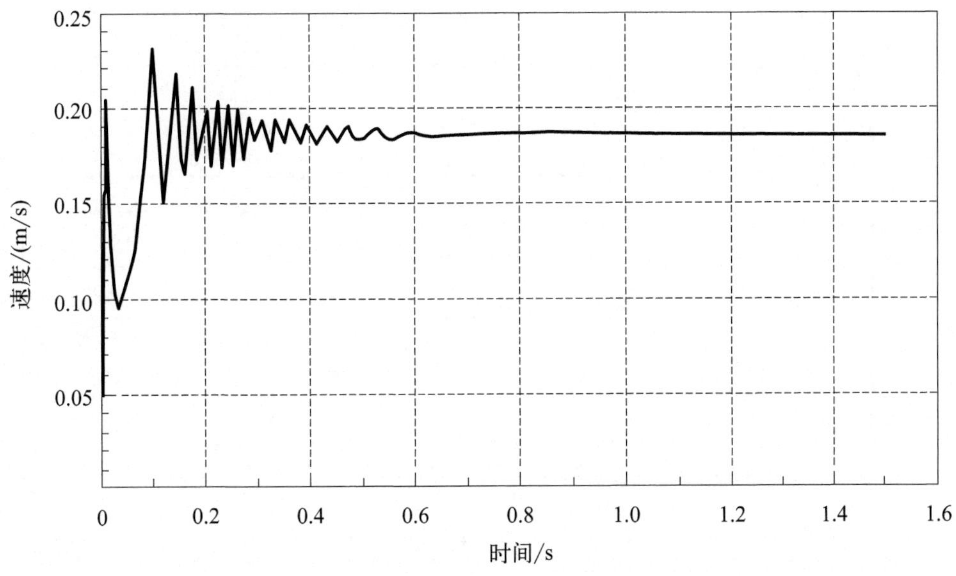

图 5-28　传统回路液压缸速度曲线

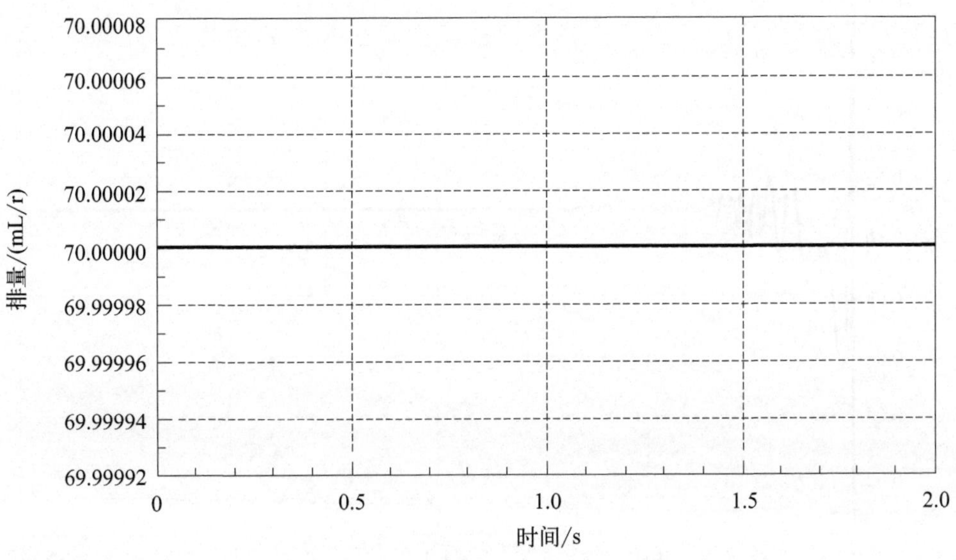

图 5-29　新型回路外泵的排量

同理可以得到：$\eta_{新型}/\eta_{传统}=1.1>1$，同样可以得到新型增压回路外泵单独工作时的效率也大于传统增压回路的效率。

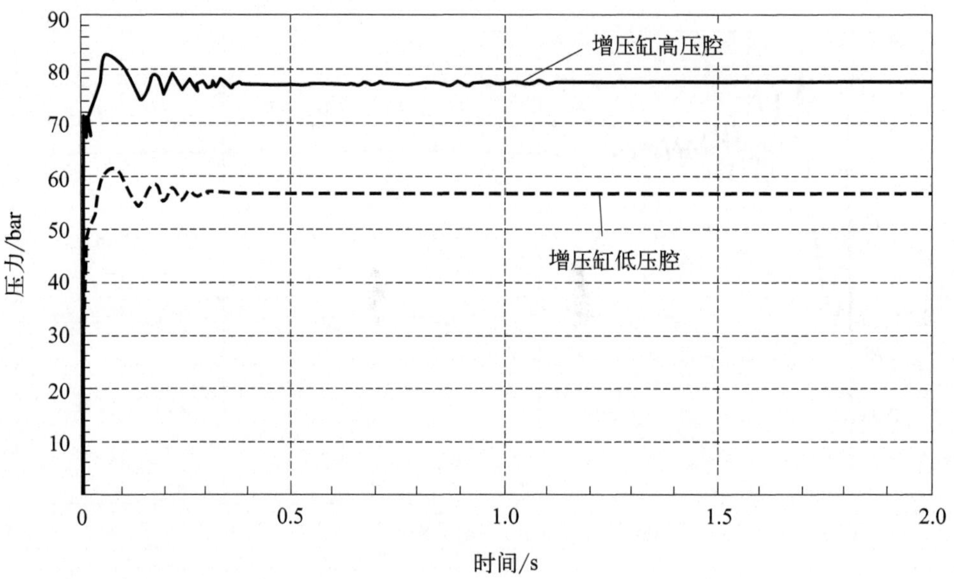

图 5-30　新型回路增压缸两腔压力曲线

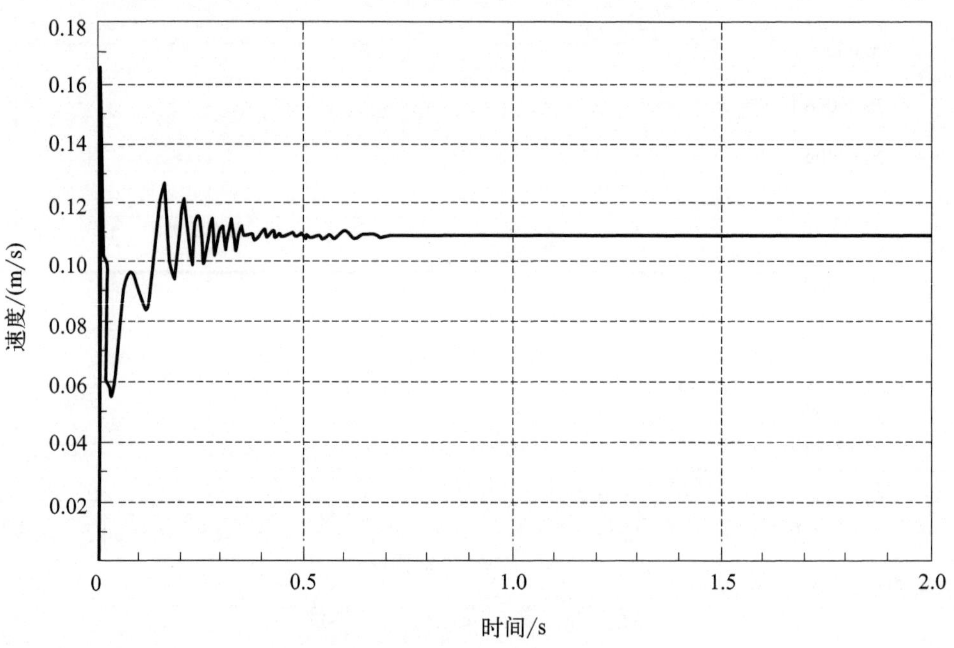

图 5-31　新型回路液压缸速度曲线

第6章 多泵多速马达方向控制回路

6.1 单作用多泵液压缸方向控制回路

6.2 单作用多泵换向节流回路

6.3 双作用多泵对液压缸的方向控制回路

6.4 双作用多泵换向节流回路

6.5 多泵对液压缸的其他方向控制回路

6.6 多泵对多速马达典型方向控制回路

6.7 多泵对多速马达的差动方向控制回路

6.8 多泵对液压缸典型方向控制回路的仿真实例

6.9 多泵对多速马达典型方向控制回路的仿真实例

对于由定量单泵和马达组成的方向控制回路，在效率、节能等方面有一定的局限性。因此，研究基于新型液压元件的方向控制回路将会在一定程度上减小液压回路的局限性，大大丰富液压传动系统中液压回路的类型，对液压系统的发展将具有深远的意义。

6.1 单作用多泵液压缸方向控制回路

6.1.1 方向控制回路的构成与特点

如图 6-1 所示为单作用多泵液压缸的方向控制回路，该方向控制回路由 1 个单作用多泵、1 个液压缸、1 个二位三通换向阀、1 个三位四通换向阀、3 个二位二通截止阀、2 个单向阀和 3 个溢流阀组成。

在该方向控制回路中，单作用多泵 11 为回路提供动力，液压缸 12 为液压执行元件，三位四通电磁换向阀 1 和二位三通电磁阀 2 分别控制单作用多泵中的内泵和外泵对液压缸的供油。溢流阀 8 控制内泵单独工作时回路的最高压力，起过载保护的作用，溢流阀 9 起过载保护的作用并且控制外泵单独工作时回路的最高压力。当多泵中的内泵和外泵同时工作时，系统压力要小于多泵中的单个泵单独工作时的压力，此时打开二位二通截止阀 5，溢流阀 10 就可以起到过载保护的作用，并且控制多泵中的内、外泵同时工作时回路中的压力。二位二通截止阀 3 和 4 分别控制内泵和外泵是否卸荷，二位二通截止阀 5 控制溢流阀 10 是否工作。当多泵中只有一个泵工作时，单向阀 6 和 7 起到隔开油路的作用。

通过控制换向阀可以实现多泵对液压缸的 9 种工作状态，其中每种工作状态中电磁换向阀的电磁铁的动作顺序表如表 6-1 所示。其中当截止阀 3YA 和 4YA 得电时，液压泵卸荷，此时回路液压缸处于停止状态。

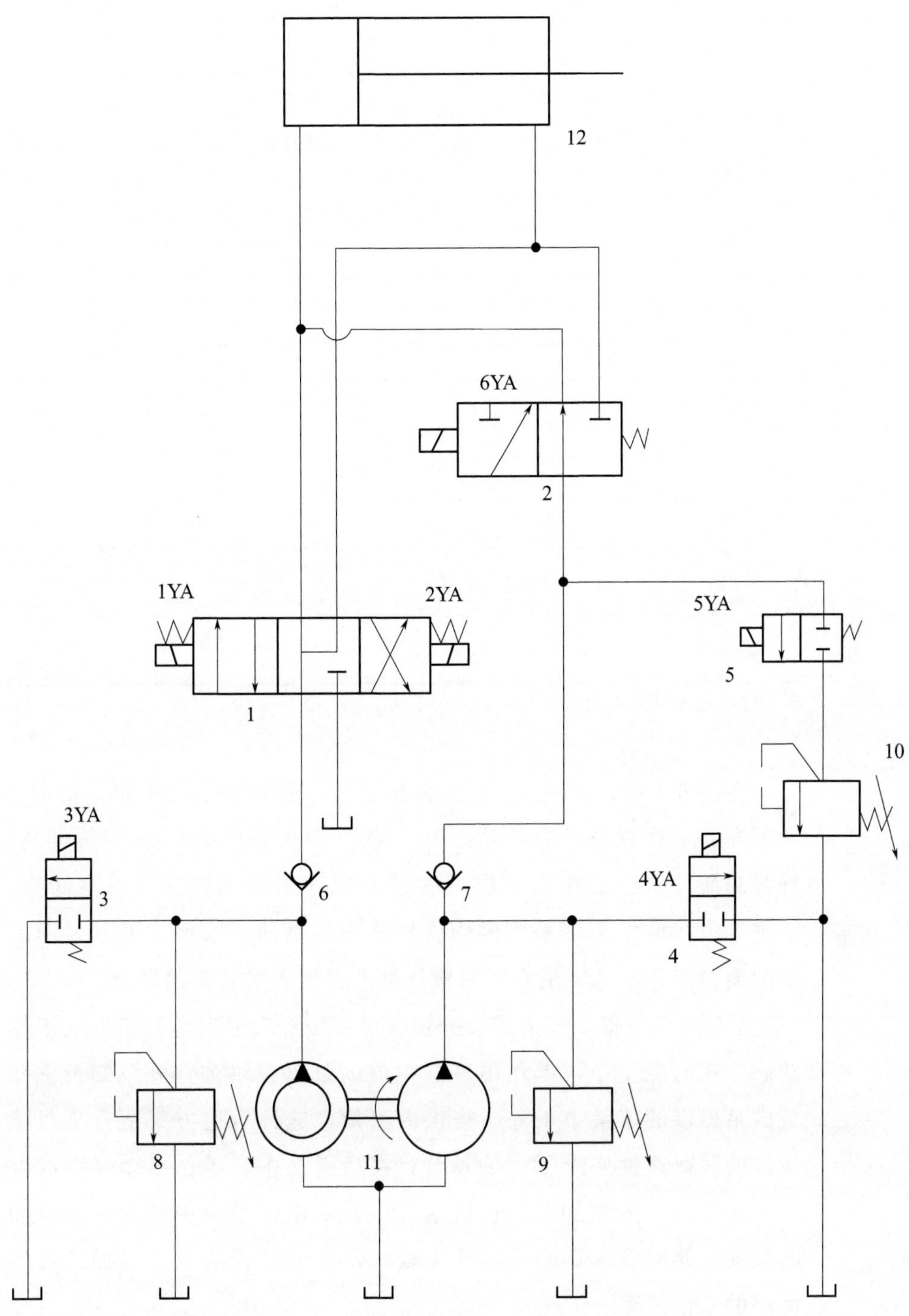

图 6-1　单作用多泵液压缸的方向控制回路

1—三位四通换向阀；2—二位三通换向阀；3～5—二位二通截止阀；

6,7—单向阀；8～10—溢流阀；11—单作用多泵；12—液压缸

表 6-1 方向控制回路中的电磁铁动作顺序

工作状态	1YA	2YA	3YA	4YA	5YA	6YA
工进 1	+	−	−	+	−	−
工进 2	+	−	+	−	−	−
工进 3	+	−	−	−	+	−
后退 1	−	+	−	+	−	−
后退 2	−	+	+	−	−	+
后退 3	−	+	−	−	+	+
差动 1	−	−	−	+	−	−
差动 2	−	−	+	−	−	−
差动 3	−	−	−	−	+	−

注：电磁铁得电用“+”表示，失电用“−”表示。

在表 6-1 中，工进 1、工进 2 和工进 3 分别表示液压缸前进时 3 种不同的工作状态。在工进 1 中，单作用多泵中的内泵单独供油，外泵卸荷；工进 2 中，单作用多泵中的外泵单独供油，内泵卸荷；工进 3 中，单作用多泵中的内、外泵同时供油，这种工进方式中多泵的输出流量较大，适合于对液压缸的速度要求较高的场合。

后退 1、后退 2 和后退 3 分别表示液压缸后退时 3 种不同的工作状态。在后退 1 中，单作用多泵中的内泵单独供油，外泵卸荷，并且内泵提供的流量小于外泵提供的流量，这种后退方式适合于对液压缸的后退速度要求不大的场合；在后退 2 中，单作用多泵中的外泵单独供油，内泵卸荷。在后退 3 中，单作用多泵中的内、外泵同时供油，此时液压缸的后退速度较快，在一定程度上可以提高液压回路的工作效率。

差动 1、差动 2 和差动 3，分别表示液压缸差动连接时的 3 种不同的工作状态。在差动 1 中，单作用多泵中的内泵单独供油，外泵卸荷，通过换向阀实现了液压缸的差动连接，这种工进方式提高了液压缸的速度。在差动 2 中，单作用多泵中的外泵单独供油，内泵卸荷，由于外泵的流量比内泵大，这种工进方式进一步提高了液压缸的速度。在差动 3 中，单作用多泵中的内、外泵同时供油，这种工进方式大大提高了液压缸的速度，也在一定程度上提高了回路的工作效率。

与传统的定量液压泵对液压缸的典型方向控制回路相比，单作用多泵液压缸的方向控制回路可以实现液压缸的 9 种不同的工作状态，下面对回路中的压力、流量、节能、换向冲击等方面进行理论分析。

6.1.2　方向控制回路的流量和压力

在如图 6-1 所示的单作用多泵方向控制回路中，回路可以根据负载条件的需要为液压系统提供工进 1、工进 2、工进 3、差动 1、差动 2 和差动 3 共 6 种不同的流量和 3 种压力的工作方式。根据多泵的特点，外泵的排量和内泵的排量之间有一个比例系数为 $c(c>1)$，设内泵单独供油时的流量为 q_{p1}，相应的压力为 p_{p1}，外泵单独供油时的流量为 q_{p2}，相应的压力为 p_{p2}，内、外泵同时供油时的流量为 q_{p3}，相应的压力为 p_{p3}，则可得到

$$q_{\mathrm{p2}}=cq_{\mathrm{p1}} \tag{6-1}$$

$$q_{\mathrm{p3}}=q_{\mathrm{p1}}+q_{\mathrm{p2}}=(1+c)q_{\mathrm{p1}} \tag{6-2}$$

单作用多泵的功率 η_{p} 为回路的流量 q_{p} 与回路的压力 p_{p} 的乘积，即

$$\eta_{\mathrm{p}}=p_{\mathrm{p}}q_{\mathrm{p}} \tag{6-3}$$

在单作用多泵的总功率不变且不考虑泵的泄漏损失的情况下，由式(6-3) 可得

$$p_{\mathrm{p2}}=\frac{1}{c}p_{\mathrm{p1}} \tag{6-4}$$

$$p_{\mathrm{p3}}=p_{\mathrm{p1}}+p_{\mathrm{p2}}=\frac{1+c}{c}p_{\mathrm{p1}} \tag{6-5}$$

由以上分析可知：当多泵的流量增加时，相应的压力会降低。当内泵单独工作时，可以满足高压小流量负载的要求，当内、外泵同时工作时，可以满足低压大流量的负载的要求。将该典型回路应

用于变负载工况的液压系统，可以根据负载要求，选择合适的工进方式，可以大大减小液压系统的溢流损失和压力损失，从而大大提高系统的效率。

而对于高压小流量的液压系统，当内泵单独工作，压力过高时，可以通过与内泵相连的溢流阀来调节系统所需要的合适的压力。典型回路中压力的合理选择，会直接提高液压回路的总效率。在液压系统的压力设计中，可以根据数学解析法中的极值法来设计和确定典型回路中的最优压力。这种方法以最大的回路效率为典型回路设计中的目标函数，以工作压力为回路中的设计变量，通过微分法来确定液压回路中效率最高的点，即最优压力值。这种方法的优点是对液压系统设计经验不足的设计者，也可以选出回路的最优压力。方法如下。

设 F_{max} 为液压系统在工作进给时的最大负载，v 为此时对应的工作速度，则可由式(6-6)表示典型方向控制回路的回路效率 η_c，即

$$\eta_c=\frac{p_L q_L}{p_p q_p}=\frac{p_L q_L}{(p_L+\Delta p)(q_L+\Delta q)} \tag{6-6}$$

式中　p_L——负载压力；

q_L——负载流量；

p_p——液压泵提供的压力；

q_p——液压泵提供的流量；

Δp——压力损失；

Δq——流量损失。

为了使讨论方便，设 $p_L=p$，k 为回路中的泄漏系数，并且考虑到

$$q_L=\frac{F_{max}}{p}v \tag{6-7}$$

$$\Delta q=k(p+\Delta p) \tag{6-8}$$

将式(6-7) 和式(6-8) 带入式(6-6) 得

$$\eta_c=\frac{p}{p+\Delta p}\times\frac{F_{max}v}{F_{max}v+kp(p+\Delta p)}=\eta_{cp}\eta_{cq} \tag{6-9}$$

回路的压力效率 η_{cp} 为

$$\eta_{cp}=\frac{p}{p+\Delta p} \tag{6-10}$$

回路的容积效率 η_{cq} 为

$$\eta_{cq}=\frac{F_{max}v}{F_{max}v+kp(p+\Delta p)} \tag{6-11}$$

回路的效率由回路的压力效率和回路的容积效率组成，对于一个具体的回路来说，回路的泄漏系数 k 和压力损失 Δp 可以认为是个定值，在工作速度为 v、最大负载为 F_{max} 的情况下，根据图 6-2 可知，回路的压力效率 η_{cp} 将随着压力 p 的增大而增大，回路的容积效率 η_{cq} 将随着压力的增大而减小，回路的最高效率所对应的最优设计压力会因为最大工作负载、工作速度和系统的泄漏系数的值的不同而不同。

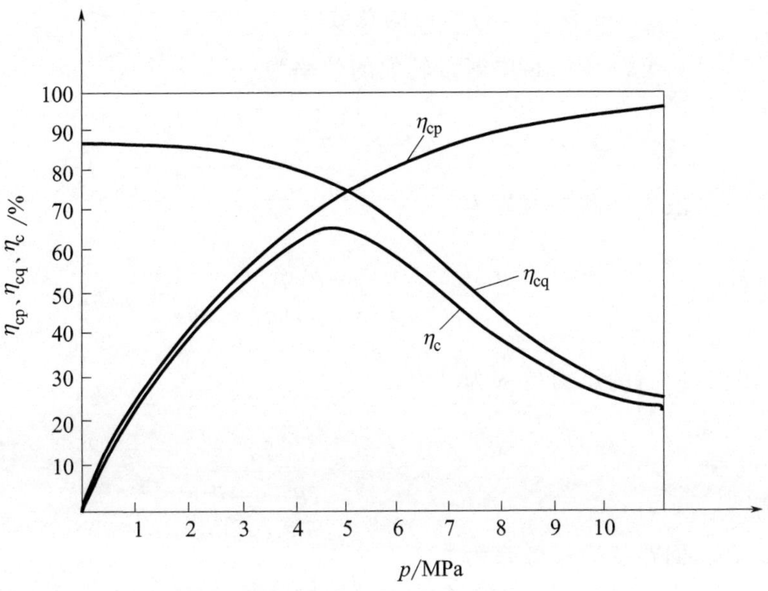

图 6-2　回路的效率曲线图

对式(6-9) 中的压力 p 求一次导数，并令其倒数为零，可得出关于压力的一个一元代数方程，如下所示。

$$\frac{d\eta_c}{dp}=2kp^3+2k(\Delta p)p^2-F_{max}v(\Delta p)=0 \tag{6-12}$$

运用数值分析中的迭代法或者牛顿法即可求得上式的根，所求的根 p_m 为回路的最优压力值。根据所求的最优压力值来调节典型方向控制回路中溢流阀的调定压力，从而可以最大限度地减小溢流阀的溢流损失。

6.1.3 方向控制回路的效率

单作用多泵方向控制回路的总效率表达式如下。

$$\begin{aligned}\eta&=\eta_e\eta_p\frac{p_Lq_L}{p_pq_p}\eta_m=\eta_e\eta_p\frac{p_Lq_L}{(p_L+\Delta p)(q_L+\Delta q)}\eta_m\\&=\eta_e\eta_p\eta_{cp}\eta_{cq}\eta_m=\eta_n\eta_c\end{aligned} \tag{6-13}$$

式中 η_e——原动机效率；

η_p——多泵的总效率；

η_m——液压执行元件的总效率。

典型液压回路中能量转换的效率为

$$\eta_n=\eta_e\eta_p\eta_m \tag{6-14}$$

液压回路的效率为

$$\eta_c=\frac{p_Lq_L}{p_pq_p}=\frac{p_Lq_L}{(p_L+\Delta p)(q_L+\Delta q)}=\eta_{cp}\eta_{cq} \tag{6-15}$$

回路的压力效率为

$$\eta_{cp}=\frac{p_L}{p_p}=\frac{p_L}{p_L+\Delta p} \tag{6-16}$$

回路的容积效率为

$$\eta_{cq}=\frac{q_L}{q_p}=\frac{q_L}{q_L+\Delta q} \tag{6-17}$$

由于单作用多泵方向控制回路工进时可以为系统提供三种不同的流量和压力，根据回路的效率公式[式(6-15)]可知，当该回路根据负载的流量和压力来选择多泵的供油流量和压力时，可以在很大程度上提高回路中的容积效率和压力效率，从而大大提高回路的总效率。

6.1.4　方向控制回路的节能分析

对于变负载的液压系统，在不计液压元件和系统中管路的功率损失的情况下，设液压缸在轻载高速情况下工作所需要的流量为 q_{L3}，所需要的压力为 p_{L1}，液压缸在重载低速情况下工作所需要的流量为 q_{L1}，所需要的压力为 p_{L2}（$p_{L2}>p_{L1}$）。对于传统的单泵供油的方向控制回路，选择为系统供油的定量单泵的额定流量为 q_{L3}，额定压力为 p_{L2}，则液压缸在轻载高速情况下工作时和重载低速情况下工作时，系统的功率为

$$P_{L轻}=p_{L重}=p_{L2}q_{L3} \tag{6-18}$$

对于单作用多泵方向控制回路，可以选择内泵的流量为 q_{L1} 的多泵为系统供油，此时外泵的流量为 $q_{L2}=cq_{L1}(c>1)$，内、外泵同时供油时的流量为

$$q_{L3}=q_{L1}+q_{L2}=(1+c)q_{L1} \tag{6-19}$$

则液压缸在轻载高速情况下工作时，此时内、外泵同时供油，系统的功率为

$$\begin{aligned}P_{轻}&=p_{L1}q_{L3}=[p_{L2}-(p_{L2}-p_{L1})]q_{L3}\\&=p_{L2}q_{L3}-(p_{L2}-p_{L1})q_{L3}=p_{L2}q_{L3}-\Delta pq_{L3}\end{aligned} \tag{6-20}$$

液压缸在重载低速情况下工作时，此时内泵单独供油，系统的功率为

$$\begin{aligned}P_{重}&=p_{L2}q_{L1}=p_{L2}[q_{L3}-(q_{L3}-q_{L1})]\\&=p_{L2}q_{L3}-p_{L2}(q_{L3}-q_{L1})=p_{L2}q_{L3}-p_{L2}\Delta q\end{aligned} \tag{6-21}$$

由以上分析可知，液压缸在重载低速情况下工作时，相比传统的单泵供油的方向控制回路，单作用多泵方向控制回路在轻载高速情况下减小了压力损失，为系统节省了 Δpq_{L3} 的功率，在重载低速的情况下减小了流量损失，为系统节省了 $p_{L2}\Delta q$ 的功率，从而实现了系统的节能，提高了系统的效率。

6.1.5 方向控制回路换向时的液压冲击

在传统的方向控制回路的工作过程中，由于换向阀的换向而使回路中的局部压力瞬时急剧上升，从而造成液压冲击。形成液压冲击的原因主要有两点：首先是当回路突然换向或者迅速制动时，油液的速度大小发生急剧变化，运动方向发生了改变，由于油液的惯性，从而产生了液压冲击；其次是由于液压负载具有惯性，当液压负载突然换向或制动时，由于负载的惯性而导致回路发生的液压冲击。

(1) 管道内液流通道迅速启闭引起的液压冲击

设方向控制回路中管道的横截面积为 A，长度为 L，管道中液体的密度和速度分别为 ρ 和 V，当阀门关闭时，液体的动能转化为压力能 ΔP_{rmax}，由能量守恒定律得

$$\frac{1}{2}\rho ALV^2=\frac{1}{2}\times\frac{AL}{K'}\Delta P_{\mathrm{rmax}}^2 \tag{6-22}$$

化简式(6-22) 可得方向控制回路中的液压冲击为

$$\Delta p_{\mathrm{rmax}}=\rho Va \tag{6-23}$$

式(6-23) 中 a 为管道中压力波的传播速度，其中 a 的值为

$$a=\sqrt{\frac{K'}{\rho}}=\frac{\sqrt{\dfrac{K}{\rho}}}{\sqrt{1+\dfrac{K}{E_{\mathrm{s}}}\times\dfrac{d}{\delta}}} \tag{6-24}$$

式中 K——液体的体积弹性模量，Pa；

K'——液体的等效体积弹性模量，Pa；

E_{s}——管材的弹性模量，Pa；

d——管道内径，mm；

δ——管壁厚度，mm。

对于多泵液压缸的方向控制回路，由于该回路在液压缸工进时，有工进 1、工进 2 和工进 3 这三种工进方式，每种工进方式中液压泵供给的流量和压力不同，从而这三种工进方式的工进速度也各不相同。令内、外泵同时供油时的速度为 V，这与传统的单泵液压方向控

制回路中的油液速度一致，外泵单独供油时的油液的速度为 V_1，内泵单独供油时的速度为 V_2，其中 $V>V_1>V_2$。在满足工况的条件下可以先让内、外泵同时供油，在液压缸制动前的一段时间，对其进行速度切换，改成让内泵单独供油，则此时油液对液压系统产生的液压冲击 $\Delta p_{\max}$ 为

$$\Delta p_{\max}=\rho V_2 a \tag{6-25}$$

由于 $V_2<V$，所以 $\Delta p_{\max}<\Delta p_{\text{rmax}}$，由此可见，多泵液压缸方向控制回路中的液压油对回路造成的液压冲击比传统的方向控制回路换向时引起的液压冲击要小。

(2) 液压缸活塞制动时引起的液压冲击

在方向控制回路中，设液压缸的活塞和负载的总质量为 $\sum m$，活塞以一定的速度驱动质量为 m 的负载向右运动，当方向控制回路换向时，换向阀突然关闭了液压缸的出口通道，此时，油液被密封在液压缸的右腔中，由于运动部件的惯性作用，液压缸右腔中的液体受压导致液压急剧上升。液压缸右腔中液压产生阻力从而使运动部件制动。当运动部件制动时，由动量守恒定律可得

$$\Delta pA\Delta t=\sum m\Delta v \tag{6-26}$$

式(6-26)化简得

$$\Delta p=\frac{\sum m\Delta v}{A\Delta t} \tag{6-27}$$

式中　A——液压缸有效工作面积，m^2；

$\sum m$——活塞和负载的总质量，kg；

Δt——负载制动时间，s；

Δv——负载速度变化值，m/s。

由式(6-27)可知，液压缸活塞制动时引起的液压冲击不仅与负载制动的时间有关，而且与负载制动时负载的速度变化值有关。当负载和活塞的总质量一定，液压缸的有效工作面积一定时，由于负载制动的位移不变，当负载开始制动时的速度越小时，则制动的时间越长。

对于传统的方向控制回路，设液压缸活塞制动开始时的速度为

v_1，制动时间为 Δt_1，则液压缸制动时产生的液压冲击为

$$\Delta p_1 = \frac{\sum m \Delta v_1}{A \Delta t_1} \tag{6-28}$$

传统方向控制回路中总的液压冲击为

$$\Delta p_{总1} = \Delta p_{rmax} + \Delta p_1 = \rho V a + \frac{\sum m \Delta v_1}{A \Delta t_1} \tag{6-29}$$

对于多泵液压缸的方向控制回路，内、外泵同时供油时，设液压缸活塞的运动速度与传统的方向控制回路中液压缸活塞的运动速度相同，为 v_1，当液压缸开始制动前，将回路切换到内泵单独供油，外泵卸荷，此时活塞的运动速度为 v_2（$v_2 < v_1$），活塞的制动时间为 Δt_2，此时液压缸制动时产生的液压冲击为

$$\Delta p_2 = \frac{\sum m \Delta v_2}{A \Delta t_2} \tag{6-30}$$

由于 $\Delta v_2 = v_2$，$\Delta v_1 = v_1$，所以 $\Delta v_2 < \Delta v_1$，$\Delta t_2 > \Delta t_1$，故 $\Delta p_2 < \Delta p_1$。

多泵液压缸方向控制回路中总的液压冲击为

$$\Delta p_{总2} = \Delta p_{max} + \Delta p_2 = \rho V_2 a + \frac{\sum m \Delta v_2}{A \Delta t_2} \tag{6-31}$$

由于 $\Delta p_{max} < \Delta p_{rmax}$，$\Delta p_2 < \Delta p_1$，所以 $\Delta p_{总2} < \Delta p_{总1}$。

由以上分析可知，多泵液压缸方向控制回路制动时所引起的液压冲击比传统的方向控制回路制动时所引起的液压冲击要小得多，从而大大减小了因为液压冲击而引起的振动和噪声，使回路工作的更加平稳。

6.2 单作用多泵换向节流回路

如图 6-3 所示为单作用多泵换向节流回路。该回路是在单作用多

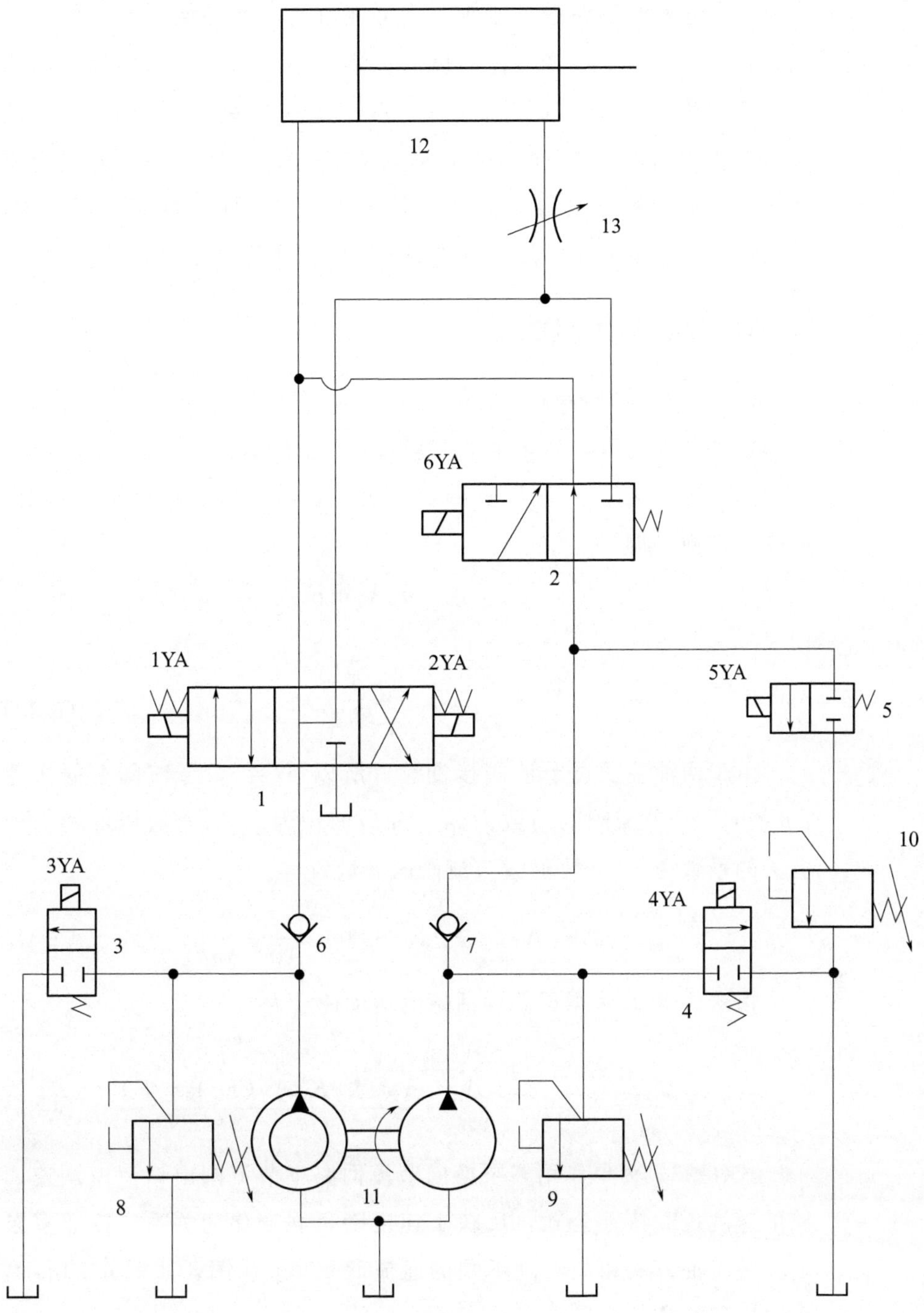

图 6-3　单作用多泵换向节流回路

1—三位四通换向阀；2—二位三通换向阀；3～5—二位二通截止阀；6,7—单向阀；8～10—溢流阀；11—单作用多泵；12—液压缸；13—节流阀

泵典型方向控制回路的基础上，在液压缸有杆腔的回油路上加了一个节流阀，其他的不变，这样就可以实现单作用多泵方向控制回路的无级调速，大大增加了液压缸的调速范围。多泵中的内、外泵的油口工作时相互独立，分别由电磁换向阀1和2控制。通过控制电磁换向阀的通断可以实现多泵的三种供油方式，即：内泵单独工作，外泵卸荷；外泵单独工作，内泵卸荷；内、外泵同时工作。

6.2.1 液压缸的速度负载特性

设液压缸无杆腔的有效面积为 A_1，有杆腔的有效面积为 A_2，液压缸进油腔的压力为 p_1，p_p 是液压泵的出口压力，此时 $p_1 \approx p_p$，回油腔的压力为 p_2，液压缸的负载为 F，则液压缸在稳定工作时，由受力平衡可得

$$p_1A_1 = p_2A_2 + F \tag{6-32}$$

因此

$$p_2 = p_p\frac{A_1}{A_2} - \frac{F}{A_2} \tag{6-33}$$

由于回油腔通过节流阀接油箱，所以 $p_2 \neq 0$，节流阀上的压差 $\Delta p = p_2$，令节流阀的指数为 m，开口面积为 A_T，与液压油种类等有关的系数为 K_L，则通过节流阀的流量为

$$q_2 = K_LA_T\Delta p^m = K_LA_T\left(p_p\frac{A_1}{A_2} - \frac{F}{A_2}\right)^m \tag{6-34}$$

由式(6-34)可得回路中活塞的运动速度为

$$v = \frac{q_2}{A_2} = \frac{K_LA_T\left(p_p\dfrac{A_1}{A_2} - \dfrac{F}{A_2}\right)^m}{A_2} = \frac{K_LA_T(p_pA_1 - F)^m}{A_2^{m+1}} \tag{6-35}$$

式(6-35)为单作用多泵换向节流回路中节流阀出口节流调速回路的速度负载特性公式，反映了速度随负载变化的关系。按照多泵的三种供油方式和节流阀不同的通流面积 A_T 作图，如图6-4所示，可得以下结论

内泵单独供油时，节流阀的开口面积为 A_{T1max}，速度负载曲线为曲线1，负载的最大速度为

$$v_{1max} = \frac{q_{p1}}{A_1} \tag{6-36}$$

外泵单独供油时，节流阀的开口面积为 A_{T2max}，速度负载曲线为曲线 2，负载的最大速度为

$$v_{2max}=\frac{q_{p2}}{A_1}=\frac{cq_{p1}}{A_1} \tag{6-37}$$

内、外泵同时供油时，节流阀的开口面积为 A_{T3max}，速度负载曲线为曲线 3，负载的最大速度为

$$v_{3max}=\frac{q_{p3}}{A_1}=\frac{(1+c)q_{p1}}{A_1} \tag{6-38}$$

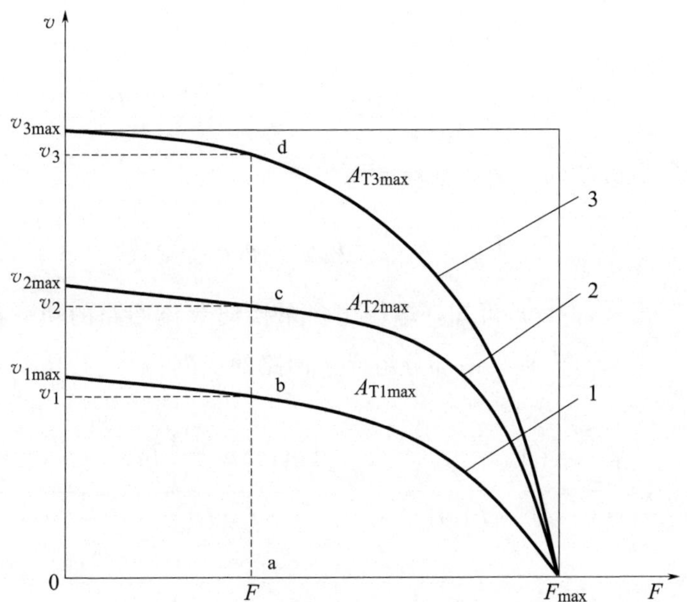

图 6-4　单作用多泵换向节流回路速度负载特性曲线

从图 6-4 可知：与单作用单泵相比，单作用多泵除了具备单泵的速度负载特性外，还多出两条速度负载曲线，即多出了两种输出流量。

6.2.2　最大承载能力

由式(6-35) 可知，当 $F=p_pA_1$ 时，无论节流阀的开口面积 A_T 取何值，液压缸的活塞运动速度均为零，活塞将停止运动，此时单

作用多泵输出的流量全部经溢流阀回油箱，则

$$F_{max}=p_pA_1 \tag{6-39}$$

此时，F_{max} 即为回路的最大承载值。

6.2.3 回路的功率和效率

令单作用多泵中内泵单独供油时的流量为 q_{p1}，相应的压力为 p_{p1}，外泵单独供油时的流量为 q_{p2}，相应的压力为 p_{p2}，内、外泵同时供油时的流量为 q_{p3}，相应的压力为 p_{p3}，因此多泵的输出功率为

$$P=p_pq_p=p_{p1}q_{p1}=p_{p2}q_{p2}=p_{p3}q_{p3} \tag{6-40}$$

液压缸的输出功率为

$$P_{Lo}=Fv=(p_1A_1-p_2A_2)\frac{q_2}{A_2}=p_pq_1-p_2q_2 \tag{6-41}$$

所以该回路的功率损失为

$$\Delta P=P-P_{Lo}=p_pq_p-p_pq_1+p_2q_2=p_p(q_p-q_1)+p_2q_2 \tag{6-42}$$

由式(6-42)可知，单作用多泵换向节流回路的功率损失也由溢流损失和节流损失两部分组成。回路的效率为

$$\eta_c=\frac{P_{Lo}}{P}=\frac{\left(p_{p1}-p_2\dfrac{A_2}{A_1}\right)q_1}{p_{p1}q_{p1}}=\frac{\left(p_{p2}-p_2\dfrac{A_2}{A_1}\right)q_1}{p_{p2}q_{p2}}=\frac{\left(p_{p3}-p_2\dfrac{A_2}{A_1}\right)q_1}{p_{p3}q_{p3}} \tag{6-43}$$

由于单作用多泵换向节流回路可以为系统提供三种不同的流量和压力，根据回路的效率公式可知，当该回路根据负载的流量和压力来选择多泵的供油流量和压力时，可以在很大程度上减小回路中的溢流损失和节流损失，从而提高回路的效率。

6.2.4 回路的节能性分析

假设不考虑回路的容积损失、液压缸的机械效率和油液的压缩性，则液压泵的输出功率为

$$P=p_pq_p \tag{6-44}$$

液压缸的输入功率为

$$P_L = p_1 q_1 = p - \Delta p_1 - \Delta p_2 \tag{6-45}$$

式中　Δp_1——回路中的溢流损失；

Δp_2——回路中的节流损失。

单作用多泵换向节流回路的功率特性曲线如图 6-5 所示。当负载恒定时，根据负载速度进行速度区间匹配，可以减少系统的溢流损失，当液压回路在负载大小恒为 F_1 的条件下工作时，单作用多泵换向节流回路的多泵可以根据负载的速度来选择给系统供油。为了方便比较，设同压力下多泵中的内、外泵同时工作时和定量单泵的输出功率相同，多泵中内、外泵的比例系数为 c，即

$$P = p_p q_p = p_p q_{p3} = (1+c) p_p q_{p1} \tag{6-46}$$

首先，当负载的速度在 $0 \sim v_1$ 区间内，选择让内泵单独工作，这时外泵处于卸荷状态，输出的油液直接流回油箱而不经过溢流阀，此时单作用多泵的输出功率为

$$P_{内} = p_p q_{p1} \tag{6-47}$$

$$\Delta P_1' = P - P_{内} = (1+c) p_p q_{p1} - p_p q_{p1} = c p_p q_{p1} \tag{6-48}$$

此时单作用多泵换向节流回路和单泵的节流调速回路相比减少了 $\Delta P_1'$的溢流损失，从而大大提高了液压回路的效率，起到了节能的作用。

其次，当负载的速度在 $v_1 \sim v_2$ 的速度区间内，选择让外泵单独工作，这时内泵处于卸荷状态，则单作用多泵换向节流回路中多泵的输出的功率为

$$P_{外} = p_p q_{p2} = c p_p q_{p1} \tag{6-49}$$

$$\Delta P_2' = P - P_{内} = (1+c) p_p q_{p1} - c p_p q_{p1} = p_p q_{p1} \tag{6-50}$$

此时单作用多泵换向节流回路和单泵的节流调速回路相比减少了 $\Delta p_2'$的溢流损失，在一定程度上提高了液压回路的效率。

最后，当负载的速度在 $v_2 \sim v_3$ 的速度区间内，选择让多泵中的内、外泵同时工作，多泵的输出功率为

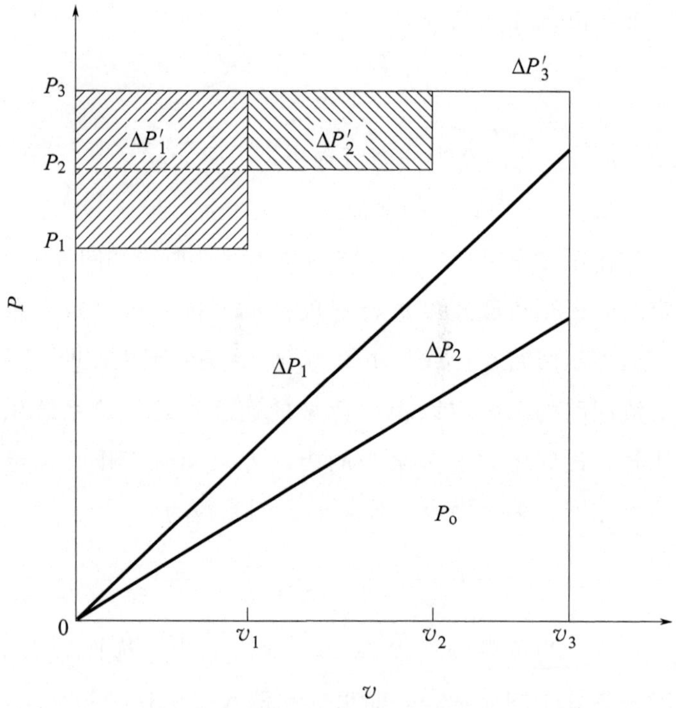

(a) 恒负载下的功率特性

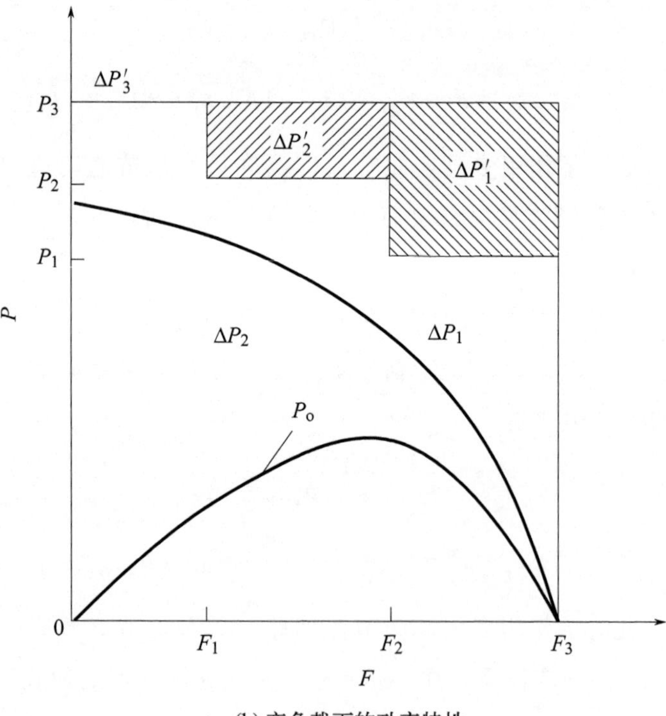

(b) 变负载下的功率特性

图 6-5 单作用多泵换向节流回路的功率特性曲线

$$P=p_{p}q_{p3}=(1+c)p_{p}q_{p1} \tag{6-51}$$

$$\Delta P_3'=p_{p}q_{p}-p_{p}q_{p3}=0 \tag{6-52}$$

此时 $\Delta P_3'$为 0，即单作用多泵换向节流回路和单泵的节流调速回路的功率相同。恒负载单作用多泵换向节流回路的功率特性曲线如图 6-5(a) 所示，与单泵出口节流调速回路相比减少了阴影面积的溢流损失，从而大大提高了回路效率。

当负载变化时，在节流阀口一定的情况下，单作用多泵换向节流回路的功率特性曲线如图 6-5(b) 所示。当负载大小在 $0\sim F_1$ 之间时，单作用多泵中的内、外泵同时工作；当负载大小在 $F_1\sim F_2$ 之间时，让多泵中的外泵单独工作，内泵卸荷；当负载大小在 $F_2\sim F_3$ 之间时，让多泵中的内泵单独工作，外泵卸荷，同样可以达到节能的目的。

6.3 双作用多泵对液压缸的方向控制回路

多泵的作用方式由泵的内部结构决定，当多泵为双作用多泵时，通过换向阀的作用，可以实现多泵的更多不同的流量和压力输出，从而使液压缸有着多种不同的工进速度，这在一定程度上将大大提高液压缸的工作效率，下面对双多用多泵对液压缸的方向控制回路进行研究，并且对多泵的流量特性进行分析。

6.3.1 回路的构成与特点

双作用多泵对液压缸的典型方向控制回路如图 6-6 所示。

该方向控制回路由 4 个三位四通换向阀、4 个溢流阀、4 个单向阀、1 个双作用多泵和一个液压缸组成。其中三位四通换向阀 10 和 11 分别控制双作用多泵中的内泵和外泵的供油数量，三位四通换向阀 12 控制内泵和外泵的供油情况（内泵单独供油，外泵单独供油或者内、外泵同时供油），三位四通换向阀 13 控制液压缸的走向以及多泵是否卸荷。溢流阀 6 和溢流阀 7 控制多泵中的内泵工作时回路的

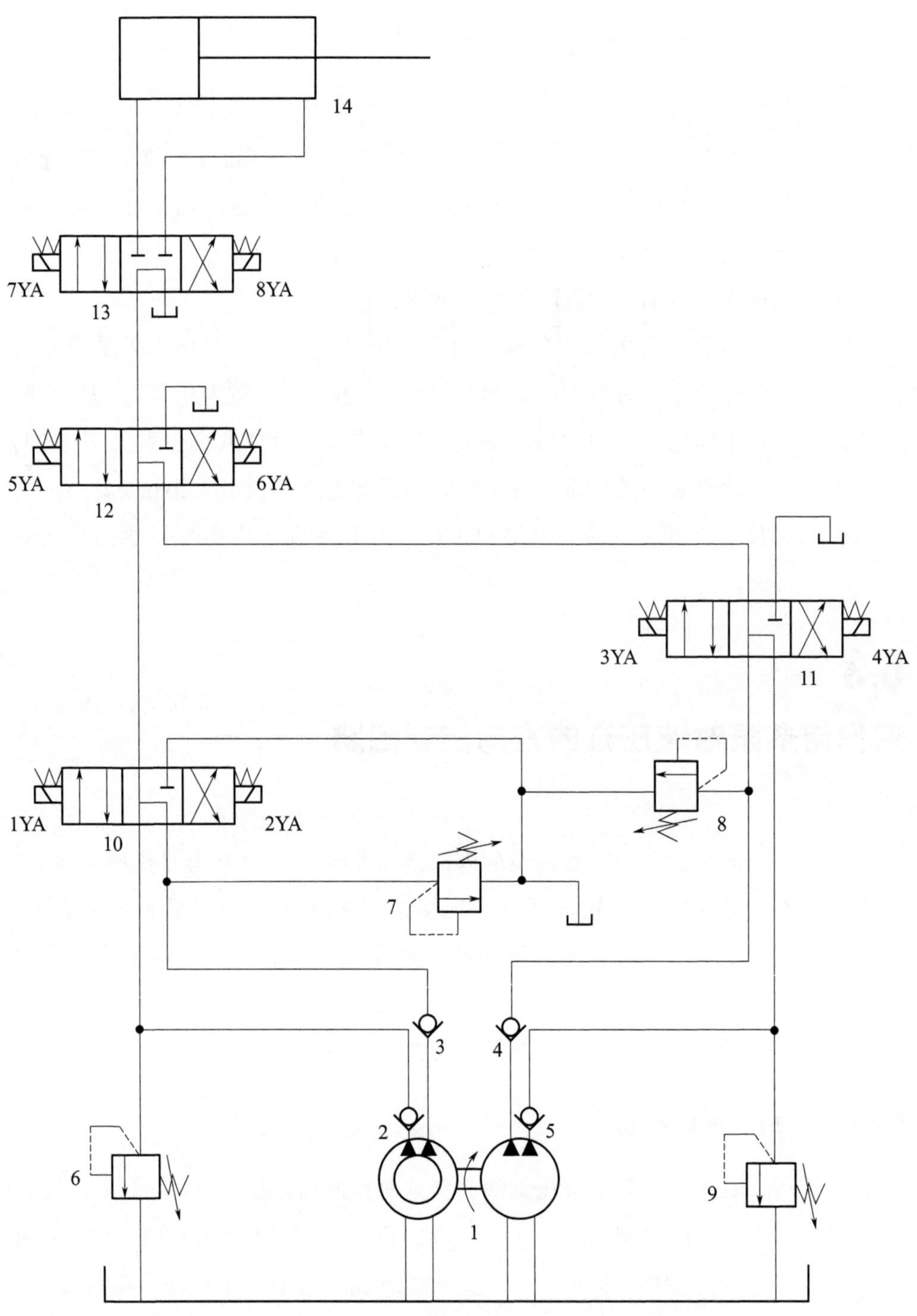

图 6-6　双作用多泵对液压缸的典型方向控制回路

1—双作用多泵；2～5—单向阀；6～9—溢流阀；

10～13—三位四通换向阀；14—液压缸

压力，溢流阀 8 和溢流阀 9 控制外泵工作时回路的压力，当内、外泵同时工作时，回路的压力取四个溢流阀调节中的压力最小值。双作用多泵方向控制回路的电磁铁动作顺序如表 6-2 所示。

表 6-2 双作用多泵方向控制回路的电磁铁动作顺序

工作方式	1YA	2YA	3YA	4YA	5YA	6YA	7YA	8YA
工进 1	+	−	−	−	+	−	+	−
工进 2	−	−	+	−	−	+	+	−
工进 3	+	−	+	−	−	−	+	−
工进 4	−	−	−	−	+	−	+	−
工进 5	−	−	+	−	−	−	+	−
工进 6	−	−	−	−	−	−	+	−
工进 7	+	−	−	−	−	−	+	−
工进 8	−	−	−	−	−	+	+	−

注：电磁铁得电用“+”表示，失电用“−”表示。

在表 6-2 中，工进 1 到工进 8 分别表示液压缸前进时的 8 种不同的工作状态，这 8 种不同的工作状态中，多泵的工作方式分别为一个内泵单独工作，一个外泵单独工作，一个内泵和一个外泵同时工作，两个内泵同时工作，两个内泵和一个外泵同时工作，两个内泵和两个外泵同时工作，一个内泵和两个外泵同时工作，两个外泵单独工作。当两个内泵中只有一个泵单独工作时，两个内泵的流量相同，通过换向阀 10 可以选择回路的压力。

当两个外泵中只有一个泵单独工作时，两外泵的流量相同，通过换向阀 11 可以选择回路的压力。这样在一定程度上可以减小回路的压力损失和溢流损失，起到了节能的作用。与液压缸的 8 种工进状态相似，当电磁换向阀的 8YA 得电时，液压缸相应地有 8 种后退的工作状态，当电磁换向阀 13 处于中位时，多泵卸荷，液压缸处于停止状态。

6.3.2 回路的流量特性

由于双定子双作用多泵的结构是对称的，所以多泵中两个内泵的排量相同，两个外泵的排量也相同，为便于比较，设一个内泵的排量为 V_1，一个外泵的排量为 V_2，电机转速为 n_d，多泵中外泵和内泵的排量比为 c（$c>1$，与泵的设计结构有关），在不考虑泄漏的情况下，当双作用多泵方向控制回路按工进 1 方式供油，即双作用多泵中只有一个内泵工作，另一个内泵和两个外泵卸荷时，泵输出流量为

$$q_{p1}=V_1 n_d \tag{6-53}$$

当双作用多泵方向控制回路按工进 2 的方式供油，即双作用多泵中只有一个外泵工作，另一个外泵和两个内泵卸荷时，泵输出流量为

$$q_{p2}=V_2 n_d \tag{6-54}$$

由式(6-53) 与式(6-54) 可得

$$\frac{q_{p2}}{q_{p1}}=\frac{V_2}{V_1}=c(c>1) \tag{6-55}$$

当双作用多泵方向控制回路按工进 3 的方式供油，即一个内泵、一个外泵同时工作时，另外一个内泵和外泵卸荷，泵的输出流量为

$$q_{p3}=q_{p1}+q_{p2} \tag{6-56}$$

由式(6-55) 与式(6-56) 可得

$$q_{p3}=(1+c)q_{p1} \tag{6-57}$$

以上泵的连接方式只是双作用多泵简单的几种连接，同理可以推导出两个内泵、两个外泵以及它们的不同组合的内、外泵的不同连接方式，共有 8 种（推导方法类似），双作用多泵流量输出如表 6-3 所示。

表 6-3 双作用多泵流量输出

内泵数量/个	外泵数量/个	输出流量值
1	0	q_{p1}
0	1	$q_{p2}=cq_{p1}$

续表

内泵数量/个	外泵数量/个	输出流量值
1	1	$q_{p3}=(1+c)q_{p1}$
2	0	$q_{p4}=2q_{p1}$
2	1	$q_{p5}=(2+c)q_{p1}$
2	2	$q_{p6}=(2+2c)q_{p1}$
1	2	$q_{p7}=(1+2c)q_{p1}$
0	2	$q_{p8}=2cq_{p1}$

表 6-3 中 0、1、2 分别表示有 0 个、1 个、2 个内泵或者外泵工作，流量系数分别为 1，c，$1+c$，2，$2+c$，$2+2c$，$1+2c$，$2c$。通过对双作用的多泵流量输出特性分析，可以推知，单、双、三作用多泵的连接方式分别为 3、8、15 种，归纳总结可得：对于 N 作用的多泵，其连接组数公式为

$$n=(N+1)^2-1 \tag{6-58}$$

式中　N——泵的作用数；

n——多泵的连接组数。

6.3.3　外、内泵排量比 c 的取值对多泵输出的影响

由以上分析可知，通过换向阀切换泵的连接方式，可以得到不同的流量输出。理论上外泵和内泵的排量比例系数可以取大于 1 的任意值，但通过对流量系数的观察可以发现，对于给定作用的多泵，当排量比选取到某些特殊值时，多泵会出现不同连接下同流量输出的现象，造成实际输出流量组数的减少。以双作用多泵方向控制回路为例介绍其中的一种重复现象。

当双作用多泵中的外泵与内泵排量比例系数 $c=2$ 时，由表 2-3 可知一个外泵的输出流量为 $q_{p2}=2q_{p1}$，两个内泵的输出流量为 $q_{p4}=2q_{p1}$。所以，当泵的排量比例系数 $c=2$ 时，双作用多泵中这两种连

接方式下泵的输出流量是相同的。

由于单作用多泵方向控制回路中，多泵的普通连接方式只有三种，对应的多泵输出流量分别为 q_{p1}（一个内泵单独工作时泵输出流量）、cq_{p1}、$(1+c)q_{p1}$。当 $c>1$ 取任意值时，多泵的输出流量没有重复。对于双作用及以上的多泵方向控制回路，会出现不同连接下的同流量输出，而且重复的组数与内、外泵的排量比例系数 c 的取值有关。为了更清楚地了解多泵不同流量输出组数，使多泵方向控制回路更好地在实际工况中工作，分别对双作用、三作用、四作用多泵进行了研究，得出它们在排量比例系数 c 取某些特殊值时流量输出的重复情况，以及流量调节组数的值，如表 6-4 所示。

表 6-4 c 取不同值时多泵流量重复组数以及调节组数

多泵作用数	c 的取值	重复组数	多泵的输出组数
2	2	2	6
	3	0	8
3	2	6	9
	3	3	12
	4	0	15
4	2	12	12
	3	8	16
	4	4	20
	5	0	24

通过对双、三、四作用多泵流量输出特性的分析，推导出多作用多泵在排量比例系数 c 取某些特殊值时的流量调节组数公式为

$$n=N+cN=(1+c)N \tag{6-59}$$

式中 N——多泵的作用数；

c——多泵中外泵和内泵的排量比例系数。

通过对多泵不同连接方式下流量输出特性分析可以看出，改变多泵的连接方式，多泵可提供多种不同的流量输出，因而扩大了多泵的适用范围。这种新型多泵作为动力元件所构成方向控制回路的传动系统，可容易通过换向阀实现从小流量到大流量的较宽范围内的有级变化，在方向控制回路中，简化了回路，提高了效率，很大程度上扩大了定量泵的使用范围。

6.4 双作用多泵换向节流回路

6.4.1 回路的组成与特点

双作用多泵对液压缸的换向节流回路如图 6-7 所示。该回路是在双作用多泵典型方向控制回路的基础上，在液压缸有杆腔的回油路上加了一个节流阀，其他的不变，这样就可以实现双作用多泵方向控制回路的无级调速，从而大大增加了液压缸的调速范围。内、外泵的油口工作时相互独立，由电磁换向阀控制。通过控制电磁换向阀的通断可以实现多泵的八种供油方式，即：一个内泵单独工作，两个内泵同时工作，一个内泵和一个外泵同时工作，两个内泵和一个外泵同时工作，一个外泵单独工作，两个外泵同时工作，两个外泵和一个内泵同时工作，两个内泵和两个外泵同时工作。

6.4.2 回路的速度负载特性

双作用多泵通过内、外泵不同的组合可以得到 8 种不同的流量输出，分别为：q，cq，$2q$，$(1+c)q$，$2cq$，$(2+c)q$，$(1+2c)q$，$(2+2c)q$（$c\neq 2$，当 $c=2$ 时有 6 种流量输出），对应的负载就有 8 种调速区间，每个区间内负载所能获得的最大速度为 Q/A_1（Q 为分别取多泵 8 种不同输出流量，A_1 为液压缸活塞的横截面的面积），即

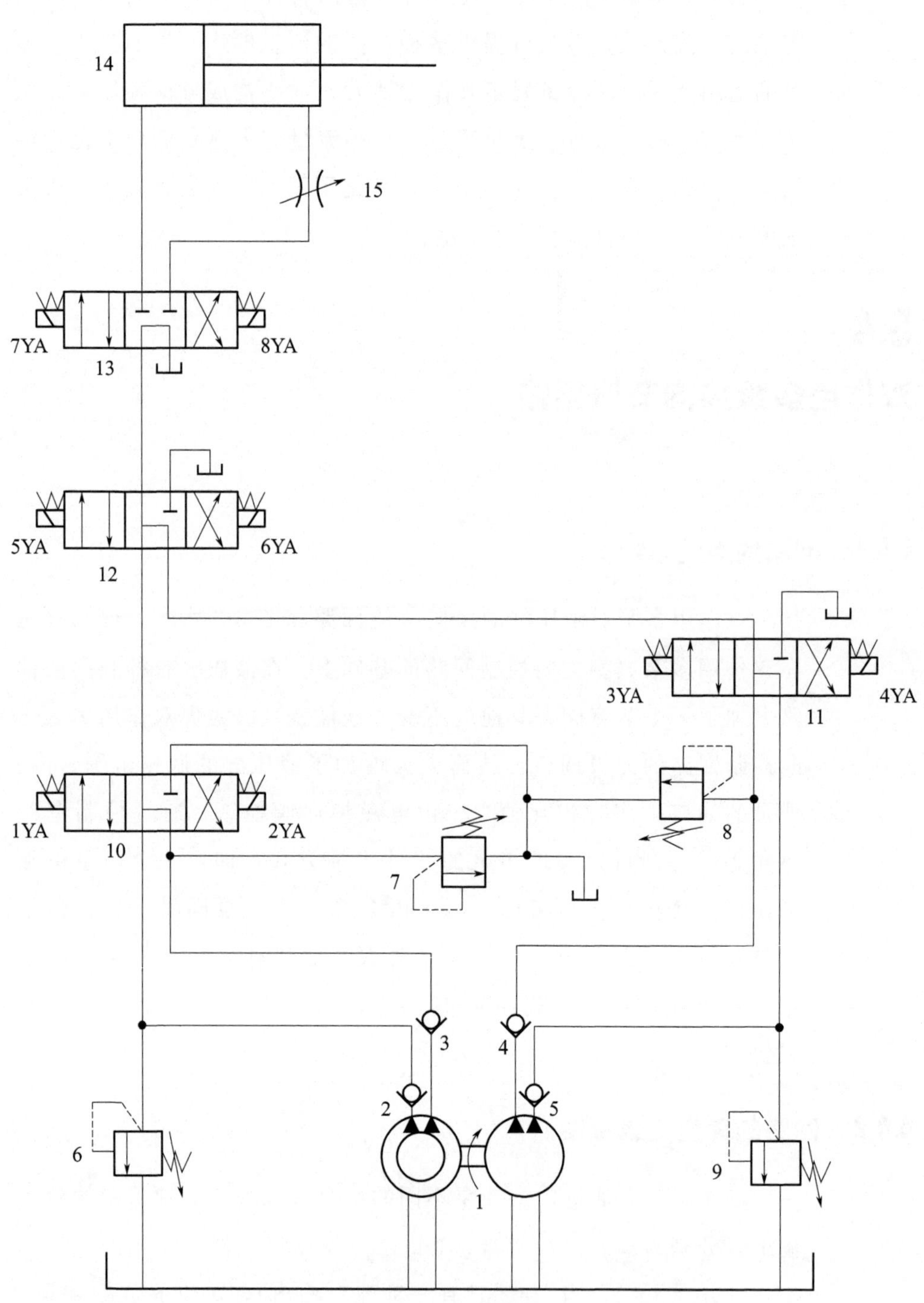

图 6-7 双作用多泵对液压缸的换向节流回路

1—双作用多泵；2～5—单向阀；6～9—溢流阀；

10～13—三位四通换向阀；14—液压缸；15—节流阀

$$v_{1\max}=\frac{q}{A_1} \qquad v_{2\max}=\frac{cq}{A_1} \tag{6-60}$$

$$v_{3\max}=\frac{2q}{A_1} \qquad v_{4\max}=\frac{(1+c)q}{A_1} \tag{6-61}$$

$$v_{5\max}=\frac{2cq}{A_1} \qquad v_{6\max}=\frac{(2+c)q}{A_1} \tag{6-62}$$

$$v_{7\max}=\frac{(1+2c)q}{A_1} \qquad v_{8\max}=\frac{(2+2c)q}{A_1} \tag{6-63}$$

以上各式中均不考虑溢流阀的最小溢流量，并且 $c>1$。当 $c=2$ 时

$$v_{2\max}=v_{3\max} \qquad v_{5\max}=v_{6\max} \tag{6-64}$$

此两种组合方式可以使负载得到相同的运动速度。双作用多泵换向节流回路的速度负载曲线如图 6-8 所示。

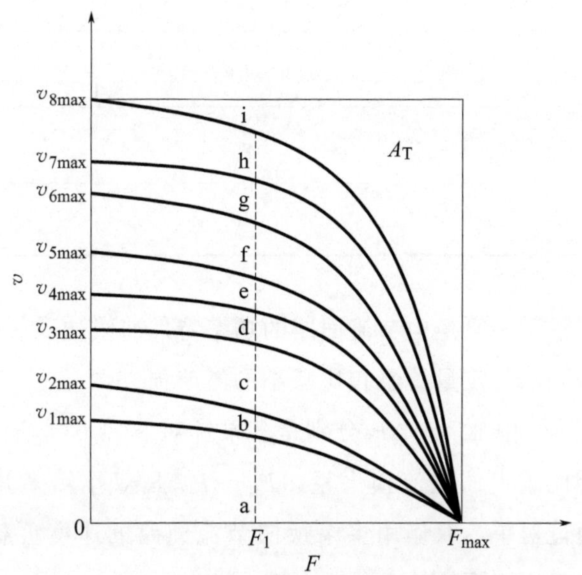

图 6-8　双作用多泵节流方向控制回路的速度负载曲线

a～i—负载速度区间

6.4.3　回路的节能分析

当双作用多泵总的输出流量与定量单泵的输出流量相同时，即

$$(2+2c)q=q_{单} \tag{6-65}$$

与定量单泵相比，双作用多泵换向节流回路有着很好的节能效果。根据双作用多泵换向节流回路的速度负载特性分析，可以得到 8 种速度匹配区间。双作用多泵换向节流回路的速度区间和节能如表 6-5 所示。

表 6-5 双作用多泵换向节流回路的速度区间和节能（$c>1$）

多泵输出的流量	负载匹配的速度区间	减少的溢流损失
q	a-b	$(1+2c)p_pq$
cq	b-c	$(2+c)p_pq$
$2q$	c-d	$2cp_pq$
$(1+c)q$	d-e	$(1+c)p_pq$
$2cq$	e-f	$2p_pq$
$(2+c)q$	f-g	cp_pq
$(1+2c)q$	g-h	p_pq
$(2+2c)q$	h-i	0

双作用多泵换向节流回路的功率特性曲线如图 6-9 所示，其中阴影部分表示与定量单泵相比减小的溢流损失。

图 6-9 中 $\Delta P_1'\sim\Delta P_8'$分别是多泵针对 8 种不同输出流量输出时和单泵相比减少的溢流损失量，$P_1\sim P_8$ 是双作用多泵的 8 种输出功率。通过对单、双作用多泵换向节流回路的速度负载特性及节能分析可以得出以下结论。

① 双作用多泵换向节流回路比单作用多泵换向节流回路多出 5 个速度匹配区间。

② 双作用多泵换向节流回路比单作用多泵换向节流回路有更好的节能效果。

③ 单作用多泵的最大输出流量为$(1+c)q$，最大减少溢流损失量 cq；双作用多泵的最大输出流量为$(2+2c)q$，最大减少溢流损失量

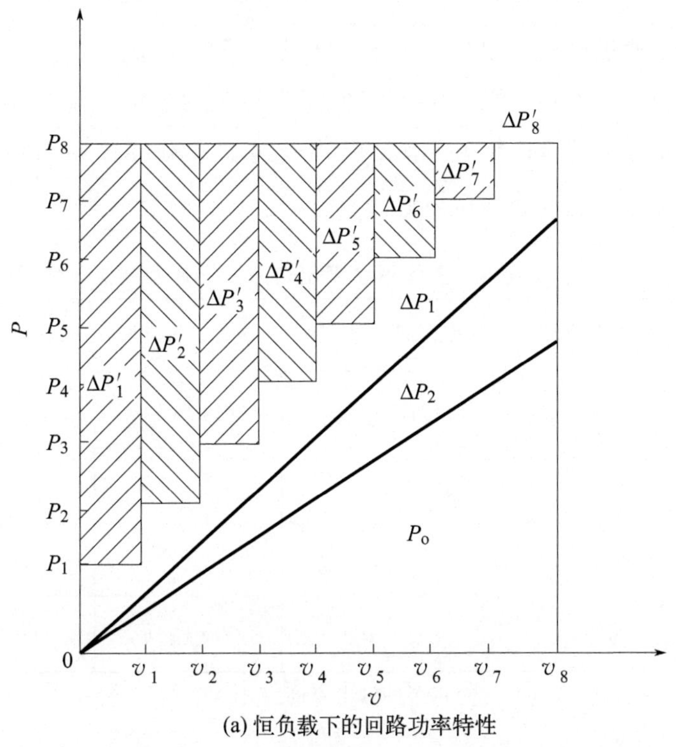

(a) 恒负载下的回路功率特性

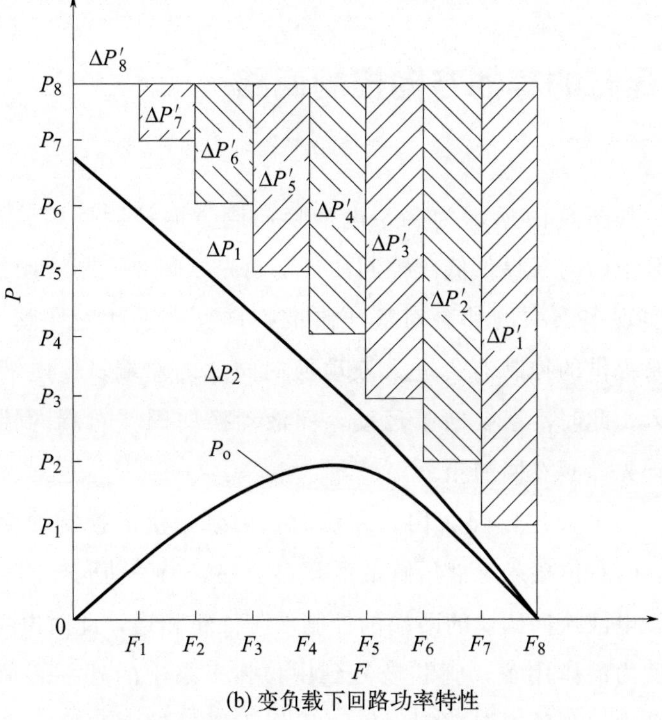

(b) 变负载下回路功率特性

图 6-9　双作用多泵换向节流回路的功率特性

$(1+2c)q$。

通过改变多泵定子曲线的形状，可以制成三作用、四作用及多作用。多作用多泵换向节流回路有更多的速度匹配区间，可以达到更精确的速度匹配和更好的节能效果。多作用多泵出口节流调速回路工作特性如表 6-6 所示。

表 6-6　多作用多泵出口节流调速回路工作特性

多泵的作用数	速度区间数量/个	最大工作流量	最大减少溢损失量
3	$(3+1)^2-1$	$3(1+c)q$	$(3c+2)q$
4	$(4+1)^2-1$	$4(1+c)q$	$(4c+3)q$
…	…	…	…
n	$(n+1)^2-1$	$n(c+1)q$	$(nc+n-1)q$

注：q 为多泵中一个内泵的输出流量。

6.5
多泵对液压缸的其他方向控制回路

如图 6-10 所示为多泵电液换向阀方向控制回路。在该回路中，多泵中的内泵提供低压控制油，手动先导阀 2 控制液动换向阀 3，从而实现多泵中的外泵对液压缸的换向。当手动先导阀 2 在右位时，内泵提供的控制油会进入液动换向阀 3 的左端，使电液换向阀左端接入，此时活塞会向下运动，而液动换向阀 3 右端的控制油会经过手动先导阀 2 回油箱。

当手动先导阀 2 切入左位时，内泵提供的控制油会使液动换向阀 3 的右位接入，液压缸的活塞会上移。当手动先导阀 2 切换到中位时，电液换向阀 3 的两端的控制油与油箱相通，此时电液换向阀 3 在弹簧力的作用下，阀芯恢复到中位，多泵中的外泵卸荷。这种多泵电液换向阀的方向控制回路可以用于流量较大和换向平稳要求较高的场合，尤其适用于自动化程度要求较高的组合机床的液压系统中。

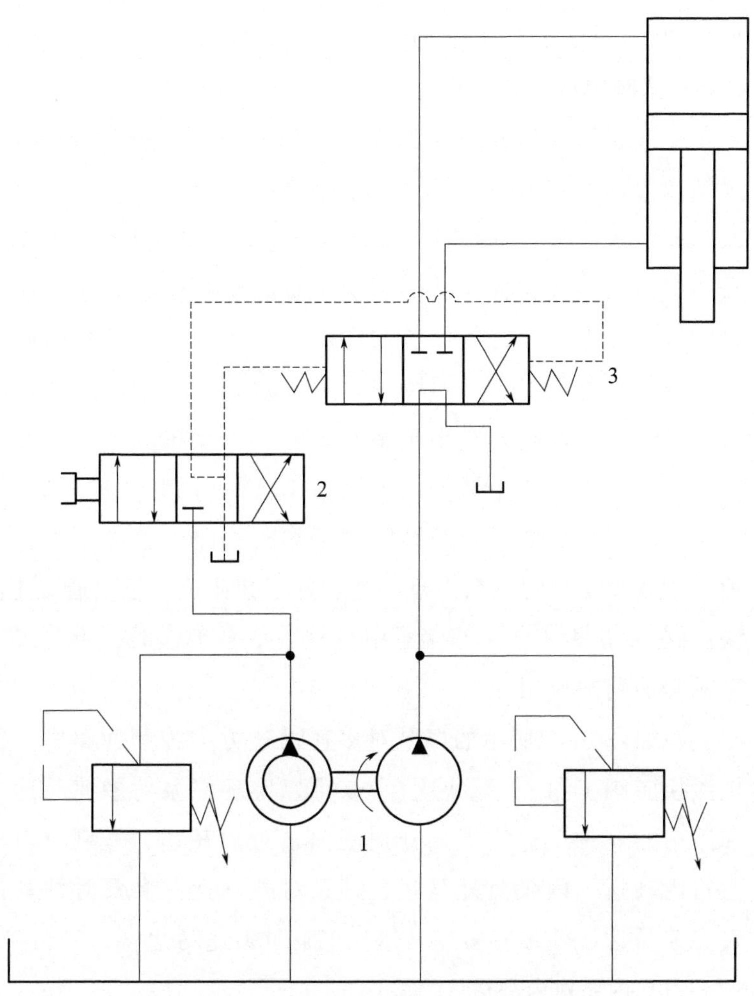

图 6-10　多泵电液换向阀方向控制回路

1—单作用多泵；2—手动先导阀；3—液动换向阀

6.6 多泵对多速马达典型方向控制回路

6.6.1 回路的组成与特点

如图 6-11 所示为多泵对多速马达典型方向控制回路原理。该方向控制回路由1个单作用多泵、1个单作用多速马达、1个二位三通换向阀、1个三位四通换向阀、3个二位二通截止阀、2个单向阀和3个溢流阀组成。

在该新型多泵多速马达方向控制回路中，单作用多泵11为回路提供动力，单作用多速液压马达12为液压执行元件，三位四通电磁换向阀1和二位三通电磁2控制单作用多泵中的内泵和外泵，对多速马达中的内马达或者外马达供油。溢流阀8控制内泵单独工作时回路的最高压力，起过载保护的作用；溢流阀9起过载保护的作用并且控制外泵单独工作时回路的最高压力。当多泵中的内泵和外泵同时工作时，系统压力要小于多泵中的单个泵单独工作时的压力，此时打开二位二通截止阀5，溢流阀10就可以起到过载保护的作用，并且控制多泵中的内、外泵同时工作时回路的最高压力。二位二通截止阀3和4分别控制内泵和外泵是否卸荷，二位二通截止阀5控制溢流阀10是否工作。当多泵中只有一个泵工作时，单向阀6和7起到隔开油路的作用。

在如图6-11所示的多泵对多速马达方向控制回路中，通过控制电磁换向阀1和2、截止阀3～5可以实现多泵对多速马达方向控制回路中的9种工作方式，分别是内泵对内马达、外泵对内马达、多泵对内马达、内泵对外马达、外泵对外马达、多泵对外马达、内泵对多速马达、外泵对多速马达、多泵对多速马达。

(1) 内泵对内马达

当电磁铁1YA、4YA和6YA通电时，此时多泵中的外泵通过二位二通截止阀4卸荷，只有内泵通过单向阀6单独给回路供油，多速马达中的内马达单独工作，回路的压力由溢流阀8调定。

(2) 外泵对内马达

当电磁铁1YA和3YA通电时，此时多泵中的内泵通过二位二通截止阀3卸荷，只有外泵通过单向阀7单独给回路供油，多速马达中的内马达单独工作，回路的压力由溢流阀9调定。

(3) 多泵对内马达

当典型回路中电磁铁1YA和5YA同时通电时，此时多泵中的内泵和外泵同时工作，通过单向阀给回路供油，多速马达中的内马达单独工作，回路的压力由溢流阀10调定。

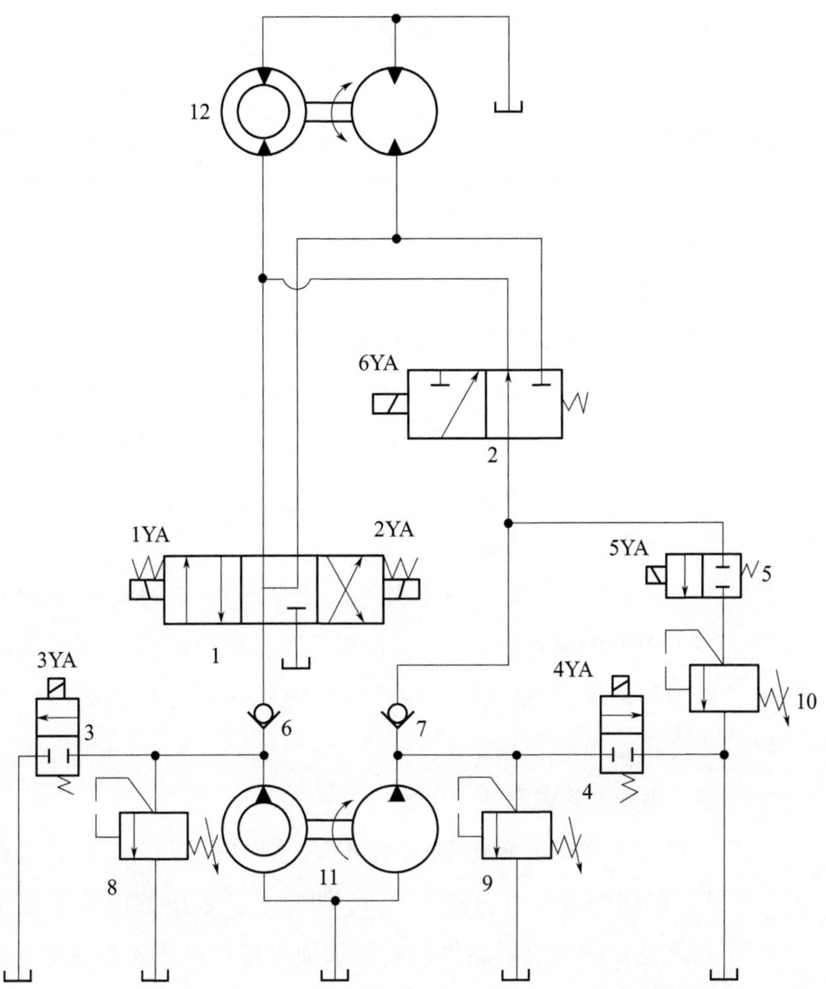

图 6-11 多泵对多速马达典型方向控制回路原理

1—三位四通换向阀；2—二位三通换向阀；3～5—二位二通截止阀；6，7—单向阀；8～10—溢流阀；11—单作用多泵；12—单作用多速马达

（4）内泵对外马达

当电磁铁 2YA、4YA 通电时，此时多泵中的外泵通过二位二通截止阀 4 卸荷，只有内泵通过单向阀 6 单独给回路供油，多速马达中的外马达单独工作，回路的压力由溢流阀 8 调定。

（5）外泵对外马达

当电磁铁 2YA、3YA 和 6YA 通电时，此时多泵中的内泵通过二位二通截止阀 3 卸荷，只有外泵通过单向阀 7 单独给回路供油，多速马达中的外马达单独工作，回路的压力由溢流阀 9 调定。

(6) 多泵对外马达

当典型回路中电磁铁 2YA、5YA 和 6YA 同时通电时，此时多泵中的内泵和外泵同时工作，通过单向阀给回路供油，多速马达中的外马达单独工作，回路的压力由溢流阀 10 调定。

(7) 内泵对多速马达

当电磁铁 4YA 和 6YA 通电时，此时三位四通换向阀 1 处于中位，多泵中的外泵通过二位二通截止阀 4 卸荷，只有内泵通过单向阀 6 单独给回路供油，多速马达中的内马达和外马达同时工作，回路的压力由溢流阀 8 调定。

(8) 外泵对多速马达

当电磁铁 3YA 和 6YA 通电时，此时三位四通换向阀 1 处于中位，多泵中的内泵通过二位二通截止阀 3 卸荷，只有外泵通过单向阀 7 单独给回路供油，多速马达中的内马达和外马达同时工作，回路的压力由溢流阀 9 调定。

(9) 多泵对多速马达

当典型回路中电磁铁 5YA 和 6YA 通电时，此时二位二通截止阀 5 打开，回路中的压力由溢流阀 10 调定。多泵中的内泵和外泵同时工作，通过单向阀给回路供油，油液通过换向阀 1 和 2 供给多速马达中的内马达和外马达。

6.6.2 回路中多速马达的转矩和转速

在如图 6-11 所示的多泵对多速马达典型方向控制回路中，通过换向阀可以实现单作用多泵的 3 种不同的压力和定流量的输出，分别是内泵单独给回路供油，外泵单独给回路供油，内、外泵同时给回路供油。为了方便比较，设外泵和内泵的排量比例系数为 c（$c>1$），内泵单独作用时输出的流量为 q_{p1}，对应的压力为 p_{p1}，外泵单独作用时输出的流量为 q_{p2}，对应的压力为 p_{p2}，内、外泵同时工作时输出的流量为 q_{p3}，对应的压力为 p_{p3}，则

$$q_{p2}=cq_{p1} \tag{6-66}$$

$$q_{p3}=q_{p1}+q_{p2}=(1+c)q_{p1} \tag{6-67}$$

在该回路中，由于多泵可以输出 3 种不同的定流量和压力，通过控制换向阀，可以实现多速马达的 9 种工作方式，从而使多速马达有 9 种不同的转矩和转速输出。设内马达的排量为 V_{m1}，外马达的排量为 V_{m2}，多速马达（含内马达和外马达）的排量为 V_{m3}，外马达和内马达的排量比例系数为 k，其中 $k>1$，则可以得出

$$V_{m2}=kV_{m1} \tag{6-68}$$

$$V_{m3}=V_{m1}+V_{m2}=(1+k)V_{m1} \tag{6-69}$$

在不计流量损失和压力损失的情况下，令内马达单独工作时的转速为 n_{1x}，对应的转矩为 T_{1x}（x 为多泵的输出方式），外马达单独工作时的转速为 n_{2x}，对应的转矩为 T_{2x}，内、外马达同时工作时的转速为 n_{3x}，对应的转矩为 T_{3x}。则当回路处于内泵对内马达的工作状态时，马达的输出转速和转矩分别为

$$n_{11}=\frac{q_{p1}}{V_{m1}} \tag{6-70}$$

$$T_{11}=\frac{V_{m1}p_{p1}}{2\pi} \tag{6-71}$$

当回路处于外泵对内马达的工作状态时，马达的输出转速和转矩分别为

$$n_{12}=\frac{q_{p2}}{V_{m1}}=\frac{cq_{p1}}{V_{m1}}=cn_{11} \tag{6-72}$$

$$T_{12}=\frac{V_{m1}p_{p2}}{2\pi} \tag{6-73}$$

当回路处于内泵对外马达的工作状态时，马达的输出转速和转矩分别为

$$n_{21}=\frac{q_{p1}}{V_{m2}}=\frac{q_{p1}}{kV_{m1}}=\frac{1}{k}n_{11} \tag{6-74}$$

$$T_{21}=\frac{V_{m2}p_{p1}}{2\pi}=\frac{kV_{m1}p_{p1}}{2\pi}=kT_{11} \tag{6-75}$$

同理可以推导出回路其他工作状态时马达的输出转矩和转速，如表6-7所示。

表 6-7　不同工作状态下马达的输出转矩转速

工作方式	内泵数量/个	外泵数量/个	内马达数量/个	外马达数量/个	马达转速	马达转矩
内泵对内马达	1	0	1	0	n_{11}	T_{11}
外泵对内马达	0	1	1	0	cn_{11}	T_{12}
多泵对内马达	1	1	1	0	$(1+c)n_{11}$	T_{13}
内泵对外马达	1	0	0	1	$(1/k)n_{11}$	kT_{11}
外泵对外马达	0	1	0	1	$(c/k)n_{11}$	kT_{12}
多泵对外马达	1	1	0	1	$[(1+c)/k]n_{11}$	kT_{13}
内泵对多速马达	1	0	1	1	$[1/(1+k)]n_{11}$	$(1+k)T_{11}$
外泵对多速马达	0	1	1	1	$[c/(1+k)]n_{11}$	$(1+k)T_{12}$
多泵对多速马达	1	1	1	1	$[(1+c)/(1+k)]n_{11}$	$(1+k)T_{13}$

由表6-7可知，在多泵对多速马达典型方向控制回路中，多速马达的输出转矩和输出转速与多泵的排量比例系数 c 以及多速马达的排量比例系数 k 成一定的比例关系。当 $c=k$ 时，即多泵的排量比例系数和多速马达的排量比例系数相同时可得

$$\frac{c}{k}=\frac{1+c}{1+k}=1 \tag{6-76}$$

由式(6-76) 可知，当 $c=k$ 时，内泵对内马达、外泵对外马达、多泵对多速马达这三种工作状态下马达的转速相同，马达的转矩随着多泵的流量的增大而增加。

6.6.3 多速马达的转速/转矩和排量比例系数之间的关系

通过对典型方向控制回路中多速马达的转矩和转速分析可知，多速马达的转矩和转速可以有多种不同的输出。由表 6-7 可知，多速马达的多种转速/转矩输出和多泵的排量比例系数 c 与多速马达的排量比例系数 k 密切相关，多种转速/转矩之间的关系随着排量比系数 c 和 k 的变化而变化。在实际使用中，不同工况条件要求多速马达不同的转速/转矩输出特性，这就需要对多泵多速马达典型回路中多速马达的转速/转矩和排量比系数之间的关系进行深入研究。

由表 6-7 可知，外马达单独工作时和内马达单独工作时转速/转矩的关系式分别为

$$n_{2x}=\frac{1}{k}n_{1x} \tag{6-77}$$

$$T_{2x}=kT_{1x} \tag{6-78}$$

内、外马达同时工作时和内马达单独工作时转速/转矩的关系式分别为

$$n_{3x}=\frac{1}{1+k}n_{1x} \tag{6-79}$$

$$T_{3x}=(1+k)T_{1x} \tag{6-80}$$

由以上四式可知，当多泵的供油方式相同时，不同马达的输出转速/转矩和马达的排量比例系数 k 相关，令

$$\begin{cases} N_{21}=\dfrac{n_{2x}}{n_{1x}}=\dfrac{1}{k} \\ t_{21}=\dfrac{T_{2x}}{T_{1x}}=k \\ N_{31}=\dfrac{n_{3x}}{n_{1x}}=\dfrac{1}{k+1} \\ t_{31}=\dfrac{T_{3x}}{T_{1x}}=k+1 \end{cases} \tag{6-81}$$

则它们关于 k 的函数关系曲线如图 6-12 所示。

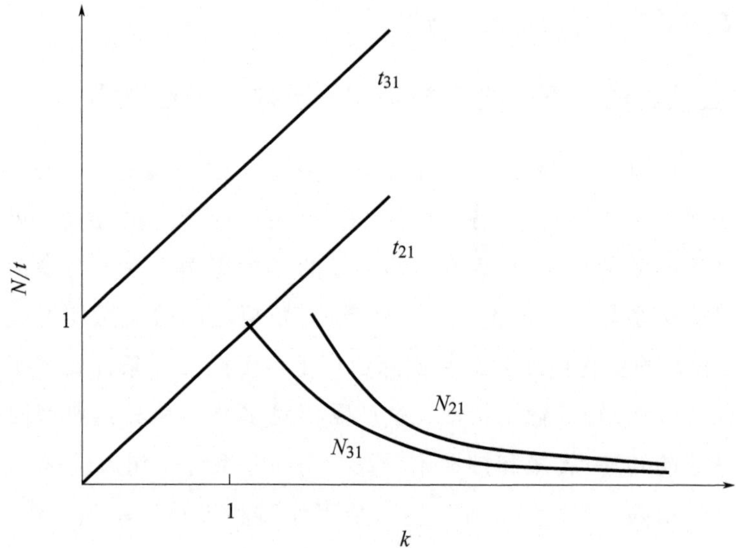

图 6-12 马达的输出转速/转矩关于 k 的函数关系曲线

由图 6-12 可知，外马达单独工作时和内马达单独工作时的转速之比 N_{21} 与马达的排量比例系数 k 成反比例关系，而转矩之比 t_{21} 与排量比例系数 k 成正比例关系。内、外马达同时工作时和内马达单独工作时转速之比 N_{31} 与马达的排量比例系数 k 成反比例关系，而转矩之比 t_{31} 与排量比例系数 k 成正比例关系。

6.6.4 回路的功率特性

(1) 恒功率工况

在多泵对多速马达典型方向控制回路中，当多泵的供油方式不变时，如内泵对内马达、内泵对外马达、内泵对多速马达以及内泵对多速马达的差动方向控制回路中，在不考虑泄漏和流量损失的情况下，马达的输出功率 P_1 是恒定的，即

$$
\begin{aligned}
P_1 &= \frac{2\pi n_{11} T_{11}}{60} = \frac{2\pi(1/k) n_{11} k T_{11}}{60} \\
&= \frac{2\pi[1/(1+k)] n_{11} (1+k) T_{11}}{60} \\
&= \frac{2\pi[1/(k-1)] n_{11} (k-1) T_{11}}{60}
\end{aligned}
\tag{6-82}
$$

由式(6-82)可知，在内泵单独供油的情况下，多速马达的输出功率是不变的，随着多速马达工作方式的不同，对外输出的定转矩和定转速也是不同的，多速马达对外输出的定转矩与马达的排量比例系数 k 成反比例函数关系，多速马达对外输出的定转速与马达的排量比例系数 k 成一次函数关系，在恒功率的情况下，内泵单独工作时，多速马达的转矩和转速特性曲线如图 6-13 所示。

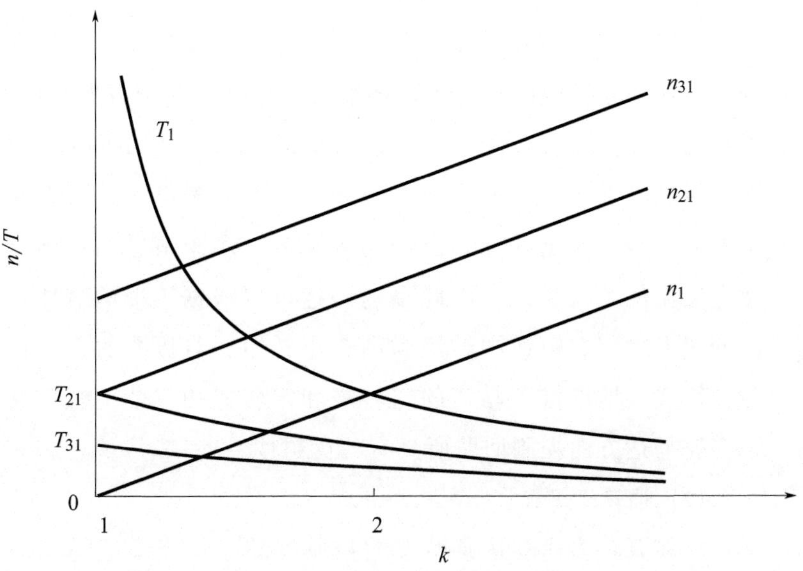

图 6-13　恒功率下多速马达的转速和转矩特性曲线

同理，当多泵中的外泵单独供油时，多速马达不同工作方式时输出功率 P_2 为

$$
\begin{aligned}
P_2 &= \frac{2\pi c n_{11} T_{11}}{60} = \frac{2\pi(c/k) n_{11} k T_{11}}{60} \\
&= \frac{2\pi[c/(1+k)] n_{11} (1+k) T_{11}}{60} \qquad (6\text{-}83) \\
&= \frac{2\pi[c/(k-1)] n_{11} (k-1) T_{11}}{60}
\end{aligned}
$$

当多泵中的内、外泵同时供油时，多速马达不同工作方式时输出功率 P_3 为

$$P_3=\frac{2\pi(1+c)n_{11}T_{11}}{60}=\frac{2\pi[(1+c)/k]n_{11}kT_{11}}{60}=\frac{2\pi[(1+c)/(1+k)]n_{11}(1+k)T_{11}}{60}=\frac{2\pi[(1+c)/(k-1)]n_{11}(k-1)T_{11}}{60} \tag{6-84}$$

由以上三式可知，在多泵的供油方式不变的情况下，多速马达的输出功率是恒定的。由于在多泵对多速马达典型方向控制回路中，多泵的供油方式有 3 种，因此多速马达可以在 3 种不同的恒功率下工作。通过电磁换向阀的换向，每种恒功率下多速马达可以对外输出不同的定转矩和定转速。由于功率不变，多速马达的输出转矩和转速呈反比例函数关系，因此多速马达可以根据工况的需要，对外输出低速大转矩、中速中转矩和高速小转矩。与传统的方向控制回路相比，大大地丰富了马达的定转矩和定转速的调节范围，这也是多泵多速马达方向控制回路所具有的优越性。

(2) 恒转矩工况

在多泵对多速马达典型方向控制回路中，当多速马达的工作方式固定时，通过溢流阀调节回路的压力，使多泵在不同的供油方式下工作时，回路的压力相同，即

$$p_{p1}=p_{p2}=p_{p3} \tag{6-85}$$

此时，当回路中多速马达的工作马达恒定时，尽管多泵的供油方式不同，但是多速马达的输出转矩相同，不同供油方式下多速马达的输出转矩如表 6-8 所示。

表 6-8 不同供油方式下多速马达的输出转矩

工作马达	输出的转矩
内马达单独工作	$T_{11}=T_{12}=T_{13}$
外马达单独工作	$kT_{11}=kT_{12}=kT_{13}$
内、外马达同时工作	$(1+k)T_{11}=(1+k)T_{12}=(1+k)T_{13}$
内、外马达差动连接	$(k-1)T_{11}=(k-1)T_{12}=(k-1)T_{13}$

由表 6-8 可以看出，在多泵对多速马达典型方向控制回路中，通过换向阀的换向，可以使多速马达对外输出四级恒转矩，当工作马达固定时，多速马达的输出转矩不变，输出转速可以通过改变泵的供油方式来改变，此时，多速马达的输出转速与多泵的排量比例系数 c 有关。其中内马达单独工作固定不变时，改变多泵的供油方式，其输出的转速如图 6-14 所示。

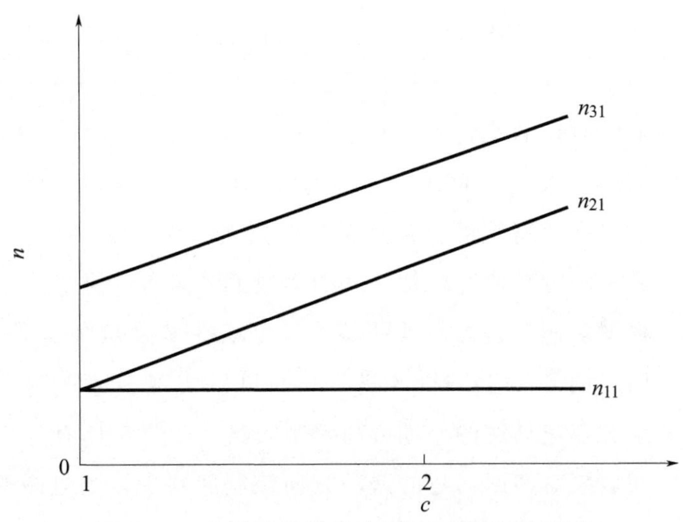

图 6-14　内马达单独工作固定时输出的转速

由图 6-14 可知，只有当多泵中的内泵给多速马达供油时，多速马达的转速才与多泵的排量比例系数 c 无关，多泵的其他两种供油方式下，多速马达的转速均与多泵的排量比例系数 c 相关，并且多速马达的转速随着多泵的排量比例系数的增大而增大。

6.7 多泵对多速马达的差动方向控制回路

6.7.1 回路的结构与特点

多速马达的结构比较特殊，多速马达中的内马达和外马达的排量不同，当将高压油同时反向通入多速马达中的内马达和外马达时，内马达和外马达的力矩的合成不等于零，从而实现了多速马达的差动连接。

单作用多速马达内有一个转子对应两个定子，从而形成了内马达和外马达，其中内马达的排量比外马达的排量要小，即排量比系数 $k>1$。当同时将高压油通入多速马达中的内马达出油口和外马达进油口时，内马达出油口中的高压油对滑块会产生逆时针的旋转力矩。这时，外马达进油口中的高压油会对滑块产生顺时针的旋转力矩，由于多速马达的排量比系数大于 1，因此外马达的高压油对滑块产生的顺时针的旋转力矩比内马达的高压油对滑块产生的逆时针的旋转力矩要大，从而合力矩不为零，使转子顺时针运动，这时内马达出油口中的高压油将从外马达的进油口流入外马达，使外马达的输入流量和旋转速度增加，从而实现了多速马达的差动。

根据多速马达的差动的特点，可以在多泵对多速马达典型方向控制回路的基础上进行改进，从而可以实现多速马达的差动连接，即多泵对多速马达的差动方向控制回路，如图 6-15 所示。

在多泵对多速马达的差动方向控制回路中，当电磁铁 7YA 没有通电时，该回路与多泵对多速马达典型方向控制回路的特点相同，在此不再分析，下面只分析当电磁铁 7YA 通电时，多速马达可实现差动连接的情况。多速马达差动连接时电磁换向阀的动作顺序如表 6-9 所示。

表 6-9 多速马达差动连接时电磁换向阀的动作顺序

多泵的供油方式	电磁换向阀						
	1YA	2YA	3YA	4YA	5YA	6YA	7YA
内泵单独供油	−	+	−	+	−	−	+
外泵单独供油	−	+	+	−	−	−	+
内、外泵同时供油	−	+	−	−	+	−	+

注：“+”表示电磁换向阀得电；“−”表示电磁换向阀失电。

当多速马达实现差动连接时，根据多速马达的供油情况可分为三种，分别是：内泵单独供油时多速马达的差动连接，外泵单独供油时

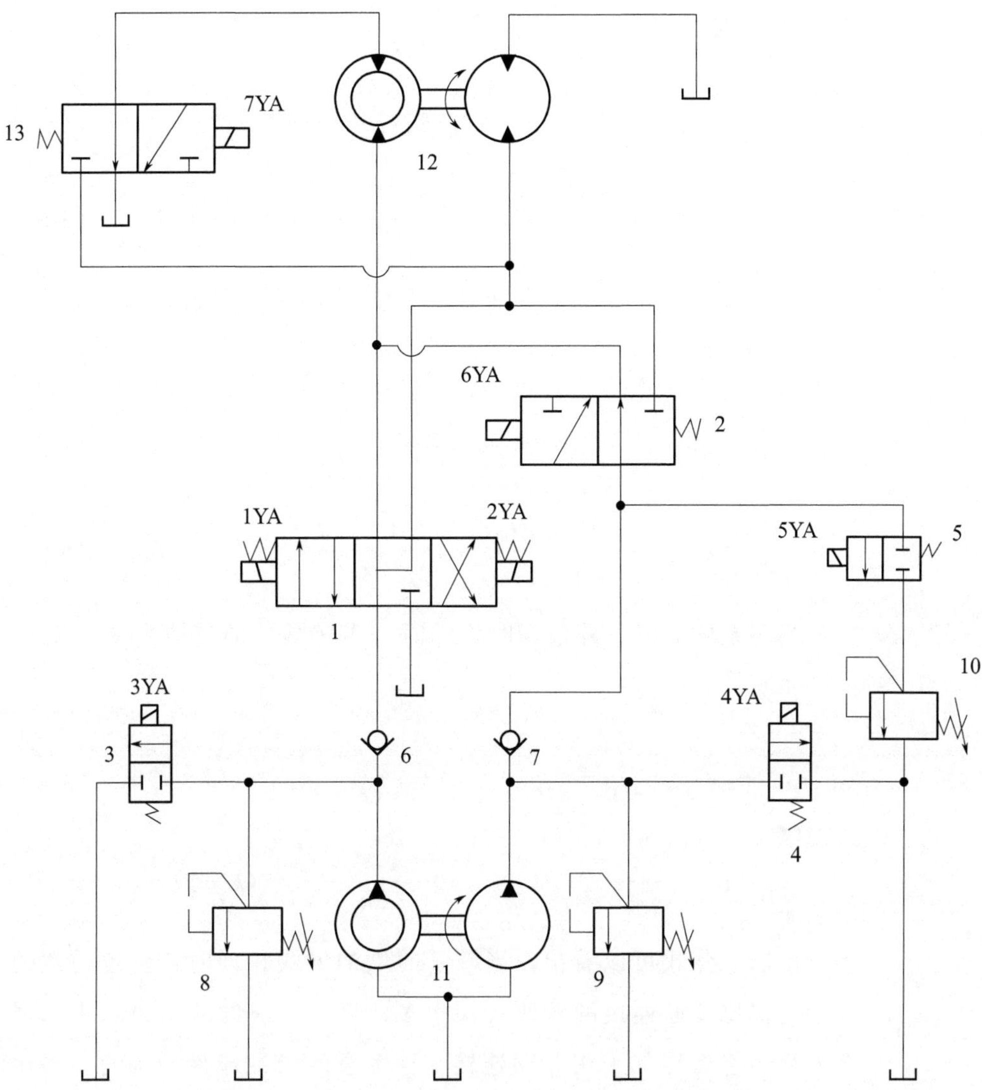

图 6-15　多泵对多速马达差动方向控制回路原理

1—三位四通换向阀；2,13—二位三通换向阀；3～5—二位二通截止阀；6,7—单向阀；8～10—溢流阀；11—单作用多泵；12—单作用多速马达

多速马达的差动连接，内、外泵同时供油时多速马达的差动连接。

6.7.2　回路中多速马达的输出特性

由前面的分析可知多泵中的内、外泵的排量比例系数为 $c(c>1)$，多速马达的外马达和内马达的排量比例系数为 k，其中 $k>1$。

当多泵中的内泵单独供油时，多速马达的转速为 n_1，对应的转矩为 T_1，则可以得到下式。

$$n_1=\frac{q_{p1}}{V_{m2}-V_{m1}}=\frac{q_{p1}}{(k-1)V_{m1}}=\frac{1}{(k-1)}n_{11} \tag{6-86}$$

$$T_1=\frac{(V_{m2}-V_{m1})p_{p1}}{2\pi}=\frac{(k-1)V_{m1}p_{p1}}{2\pi}=(k-1)T_{11} \tag{6-87}$$

当多泵中的外泵单独供油时，多速马达的转速为 n_2，对应的转矩为 T_2，则

$$n_2=\frac{q_{p2}}{V_{m2}-V_{m1}}=\frac{cq_{p1}}{(k-1)V_{m1}}=\frac{c}{(k-1)}n_{11}=cn_1 \tag{6-88}$$

$$T_2=\frac{(V_{m2}-V_{m1})p_{p1}}{2\pi}=\frac{(k-1)V_{m1}p_{p2}}{2\pi}=(k-1)T_{12} \tag{6-89}$$

当多泵中的内、外泵同时供油时，多速马达的转速为 n_3，对应的转矩为 T_3，则

$$n_3=\frac{q_{p3}}{V_{m2}-V_{m1}}=\frac{(1+c)q_{p1}}{(k-1)V_{m1}}=\frac{(1+c)}{(k-1)}n_{11}=(1+c)n_1 \tag{6-90}$$

$$T_3=\frac{(V_{m2}-V_{m1})p_{p3}}{2\pi}=\frac{(k-1)V_{m1}p_{p3}}{2\pi}=(k-1)T_{13} \tag{6-91}$$

由以上各式可以看出，当多泵的供油方式相同时，多速马达的差动连接比普通连接的转速要快得多，但是相应的转矩也减小了很多。当多速马达都采用差动连接，且多泵的供油流量增加时，多速马达的转速会相应增加，对应的转矩也会相应减小，并且多速马达转速和转矩的变化都与多泵排量比例系数 c 以及多速马达的排量比例系数 k 有关。

将该多泵对多速马达差动方向控制回路应用于多工况的液压系统中，多速马达对外可以输出 12 种不同的定转矩和定转速，这就大大提高了定量马达的转矩调节范围和转速调节范围。根据不同工况的需求，选择合适的工作方式，从而可以使多速马达有一个最佳的转速和转矩，这在一定程度上可以提高液压系统的工作效率，起到很好的节能效果。

6.8 多泵对液压缸典型方向控制回路的仿真实例

6.8.1 回路的建模与参数设置

相对于传统的方向控制回路，多泵对液压缸典型方向控制回路有着很好的节能效果，并且通过换向阀的换向减小了换向冲击，从而在一定程度上避免了活塞和液压缸盖之间的相互撞击，下面在 Amesim 软件中对该典型方向控制回路中的换向冲击进行仿真分析。多泵对液压缸典型方向控制回路和传统的方向控制回路在 Amesim 中所建立的模型，如图 6-16 所示。

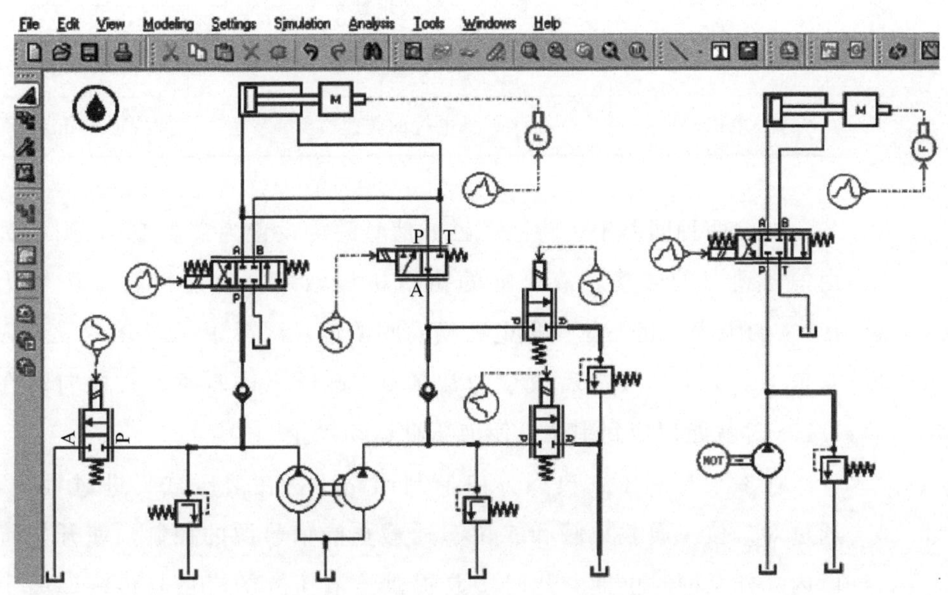

图 6-16　方向控制回路的 Amesim 模型

为了便于比较，在不计摩擦和泄漏的情况下，两个回路中液压缸的主要参数和液压缸所受的推力相同，多泵的总排量和定量单泵的排量相同，带动多泵和定量泵的两个电机的转速相同，两个回路中的三位四通换向阀的参数也相同。方向控制回路的主要参数设置如表 6-10 所示。

表 6-10　方向控制回路的主要参数设置

元件名	参数名	参数值
液压缸	活塞直径	50mm
	活塞杆直径	28mm
	最大行程	40mm
	有杆腔死区体积	$100cm^3$
	无杆腔死区体积	$100cm^3$
多泵	内泵的排量	15mL/r
	外泵的排量	25mL/r
	多泵的额定转速	1000r/min
定量泵	泵的排量	40mL/r
	泵的额定转速	1000r/min
电机	电机的转速	1000r/min

在这两种回路中，将液压缸的信号源均设置为常量 100，则经过由信号到力的转换，液压缸的执行机构活塞杆就能得到一个恒为 100N 的阻力。将三位四通电磁换向阀的信号源在 0～1.15s 内设置为常量 1000，在 1.15s 后设置为常量 0，这样三位四通电磁换向阀在 1.15s 时就能切换到中位，使液压缸运动停止。

在多泵对液压缸典型方向控制回路中，在液压缸工进过程中，通过对二位二通截止阀和二位三通截止阀信号源的控制，使开始阶段内、外泵同时供油，此时多泵提供给液压缸的流量与传统回路中定量泵提供给液压缸的流量相同，在液压缸工进 1s 后，通过电磁换向阀的信号源的设置，使多泵中的内泵卸荷，外泵单独供油。

6.8.2　仿真结果

设置仿真的开始时间为 0s，结束时间为 1.5s，仿真的采样周期为 0.01s。液压缸的部分参数曲线如图 6-17 所示。

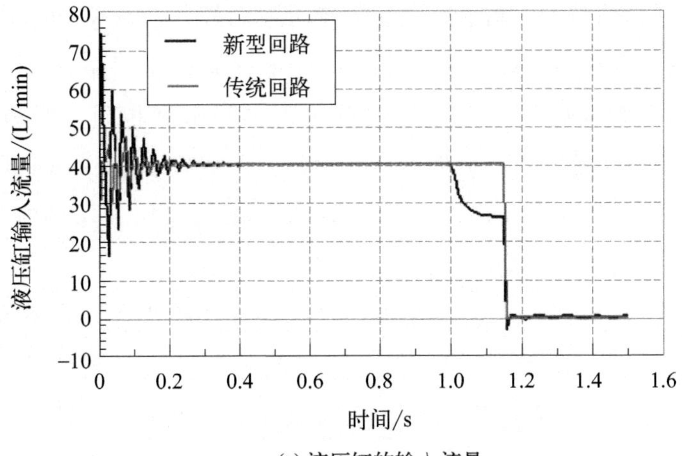

(a) 液压缸的输入流量

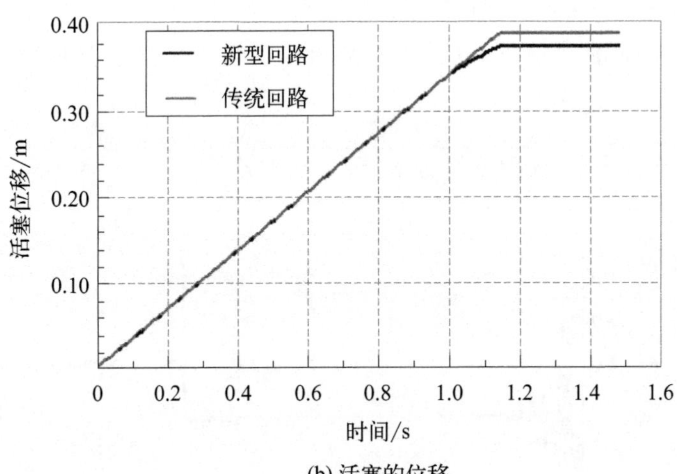

(b) 活塞的位移

(c) 活塞的运动速度

图 6-17　液压缸的部分参数曲线图

图 6-17(a) 是两个回路中液压缸无杆腔的流量输入随时间的变化图，由图 6-17(a) 可以看出，传统方向控制回路和新型方向控制回路中液压缸的无杆腔的流量输入在开始时相同，均为 40L/min，在 1s 的时候，通过切换电磁换向阀，使新型回路中多泵的内泵卸荷，外泵单独供油，从而流量减小为 25L/min。在 1.15s 的时候，两个回路中的液压缸制动。

图 6-17(b) 是液压缸制动时活塞所走的位移，从图 6-17(b) 中可以看出，新型回路的液压缸活塞位移比传统回路的液压缸活塞的位移要小，活塞速度由 0.33m/s 减小到 0.22m/s，这是由于在制动前，通过换向，新型回路的多泵中只有外泵单独供油，流量减小，从而使活塞的运动速度降低，如图 6-17(c) 所示。

如图 6-18(a) 和 (b) 所示分别为液压缸受到的阻力为 100N 时

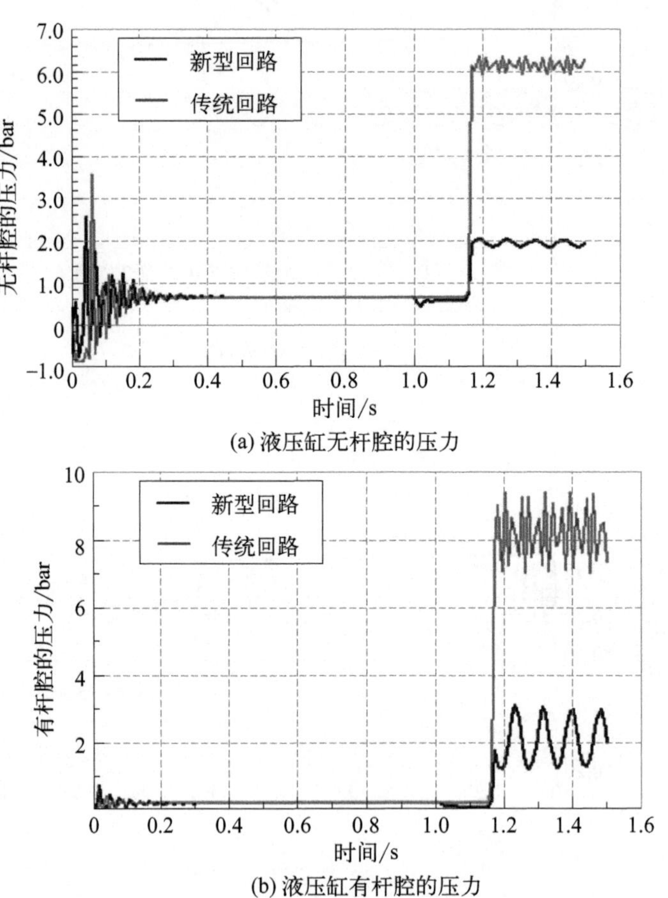

(a) 液压缸无杆腔的压力

(b) 液压缸有杆腔的压力

图 6-18　阻力为 100N 制动时液压缸两腔的压力图

无杆腔和有杆腔的压力随时间的变化曲线，由这两幅图可以看出，液压缸在制动时，新型回路的液压冲击比传统回路的液压冲击要小得多。如图 6-19 所示是液压缸受到的阻力为 1000N，其他条件不变，在 1.15s 制动时，液压缸无杆腔和有杆腔的压力变化。对比图 6-18 和图 6-19 可以看出，液压缸在负载阻力越大的情况下，制动时的液压冲击也越大，并且新型回路的液压冲击比传统回路的液压冲击要小得多。

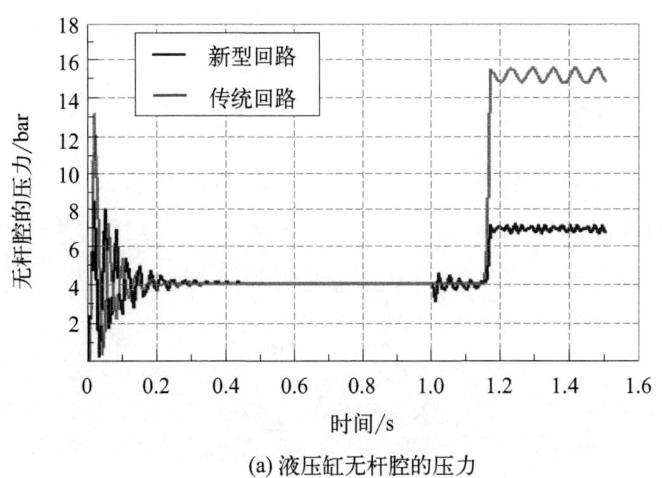

(a) 液压缸无杆腔的压力

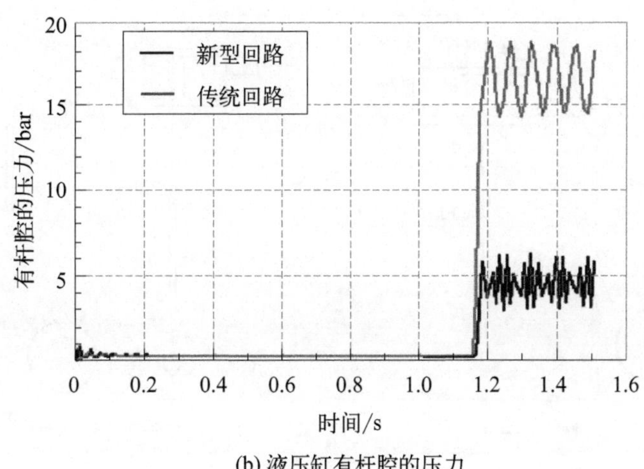

(b) 液压缸有杆腔的压力

图 6-19　阻力为 1000N 制动时液压缸两腔的压力图

通过以上分析可知，当两个回路中液压泵的总流量相同时，新型回路在制动前，通过换向，减小多泵的供给流量，从而减小了液压缸的工进速度，这在一定程度上大大减小了液压回路的冲击。

6.9 多泵对多速马达典型方向控制回路的仿真实例

多泵对多速马达典型方向控制回路中，通过换向阀的换向可以实现多速马达的 9 种不同的定转速和定转矩，并且这些定转矩和定转速之间都存在一定的比例关系，下面对马达的转矩和转速进行仿真分析。

6.9.1 回路的建模与参数设置

多泵对多速马达典型方向控制回路的模型如图 6-20 所示，在不计回路的摩擦和阻力的情况下，对每个液压元件选择合适的子模型，

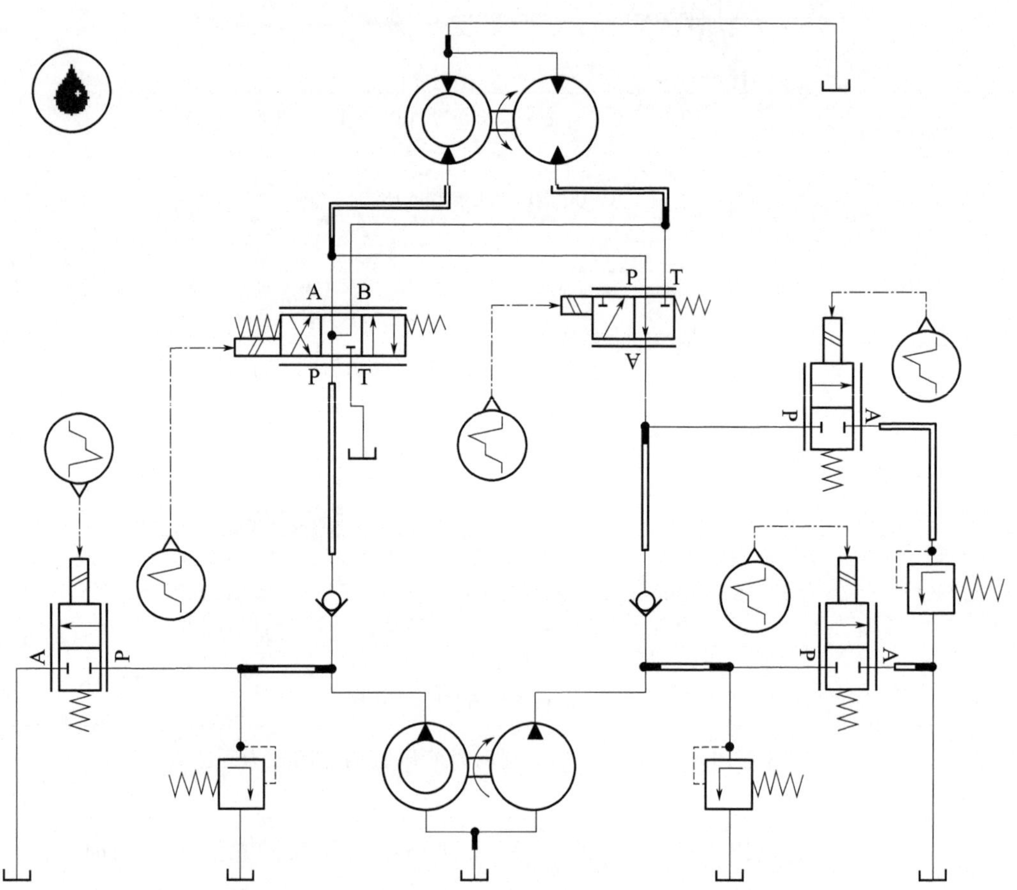

图 6-20 多泵对多速马达典型方向控制回路的模型

其回路的主要参数设置如表 6-11 所示。

由表 6-11 可知，多速马达中外马达和内马达的排量比例系数 k 的值为 3，多泵中外泵和内泵的排量比例系数 c 的值为 1.5。

表 6-11　多泵对多速马达典型方向控制回路的主要参数设置

元件名	参数名	参数值
多速马达	内马达的排量	15mL/r
	外马达的排量	45mL/r
多泵	内泵的排量	20mL/r
	外泵的排量	30mL/r
	多泵的额定转速	1000r/min
电机	电机的转速	1000r/min

6.9.2 仿真结果

设置仿真的时间为 90s，采样周期为 0.1s。为了便于分析，分三次仿真，每次仿真中，多速马达中的工作马达不变，只改变多泵的供油方式，并且前 30s 是让多泵中的内泵单独供油，中间 30s 是外泵单独供油，最后 30s 是内、外泵同时供油。为了使多速马达的工作马达不同，在每次仿真之前，只需改变三位四通换向阀和二位三通换向阀的控制信号的参数。当多速马达中内马达单独工作时，通过改变多泵的供油方式，其输出的转速和转矩如图 6-21 所示。

由图 6-21(a) 可知，当多泵中内泵单独供油，外泵单独供油，内、外泵同时供油时，多速马达的转速分别为 1327r/min、1988r/min 和 3302r/min；由图 6-21(b) 可知，对应的转矩分别为－11.1N・m、－6.7N・m 和－4.4N・m，其中负号表示方向是逆时针。外马达单独工作时多速马达输出的转速和转矩如图 6-22 所示；内、外马达同时工作时多速马达的输出转速和转矩如图 6-23 所示。

由图 6-22 可知，当工作马达为外马达时，多速马达输出的转速分别为 444r/min、678r/min 和 1109r/min，对应的转矩为

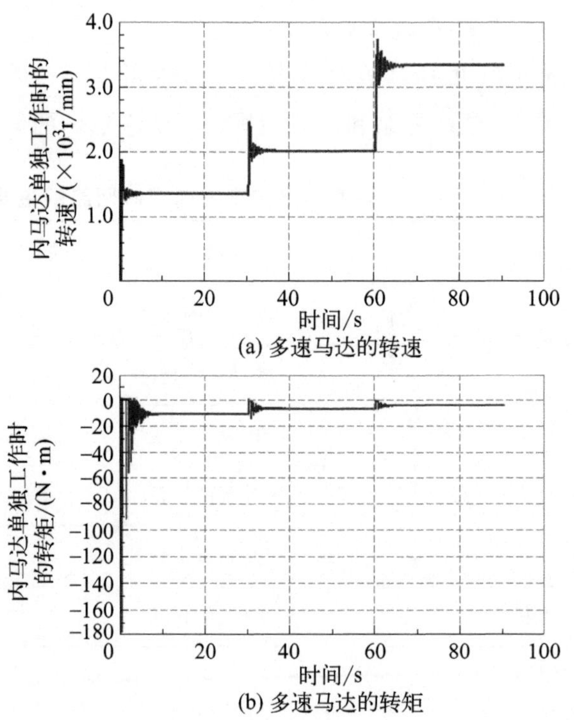

(a) 多速马达的转速

(b) 多速马达的转矩

图 6-21　内马达单独工作时多速马达输出的转速和转矩

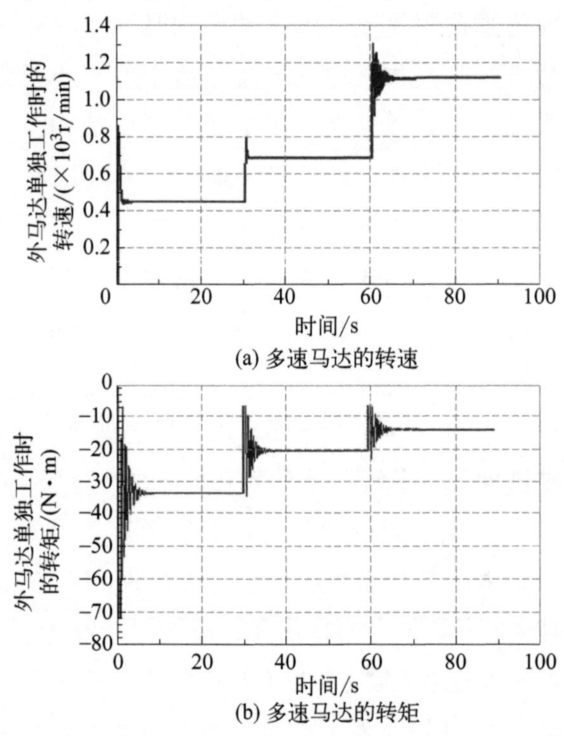

(a) 多速马达的转速

(b) 多速马达的转矩

图 6-22　外马达单独工作时多速马达输出的转速和转矩

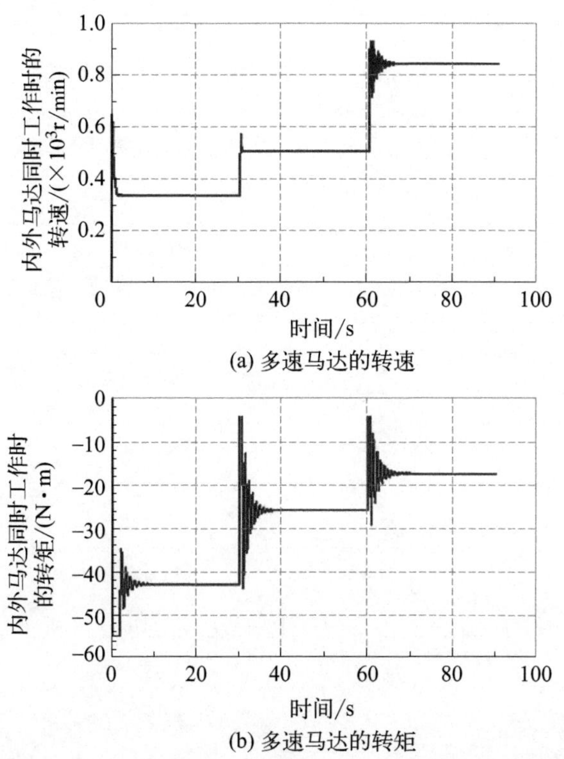

(a) 多速马达的转速

(b) 多速马达的转矩

图 6-23　内、外马达同时工作时多速马达输出的转速和转矩

－33.1N·m、－19.9N·m 和－13.3N·m。由图 6-23 可知，当多速马达的内、外马达同时工作时，多速马达随着多泵的供油方式不同，输出的转速分别为 333r/min、499r/min 和 832r/min，对应的转矩为－42.8N·m、－25.8N·m 和－17.3N·m。

由以上仿真分析可知，多泵对多速马达典型方向控制回路中多速马达可以对外输出 9 种不同的定转速和定转矩，并且这些转速与多泵的排量比例系数 c 之间的关系，转矩与多速马达的排量比例系数 k 之间的关系，基本满足不同工作状态下马达的输出转矩和转速要求，即不同工作状态下马达的输出转矩和转速（表 6-7）。

第7章 多泵多速马达液压基本回路实验

在前面章节中，设计了几种新型的液压速度控制回路，并通过理论分析和模拟仿真分析了几种回路的速度输出特性和转矩输出特性。结果表明：基于双定子元件的几种新型回路相比于传统回路有更大的速度输出范围和更小的耗能，有更广泛的用途。本章以速度控制回路为例，搭建多泵多速马达速度换接回路试验台，验证理论分析的正确性。

7.1
实验内容与方案

选取电机转速为 1000r/min，定量液压泵的排量为 25mL/r，双定子马达中内马达的排量为 28.6mL/r，外马达的排量为 77.3mL/r，安全阀设定压力为 8MPa。

如图 7-1 所示为单泵多马达速度换接回路液压系统图，图中左侧

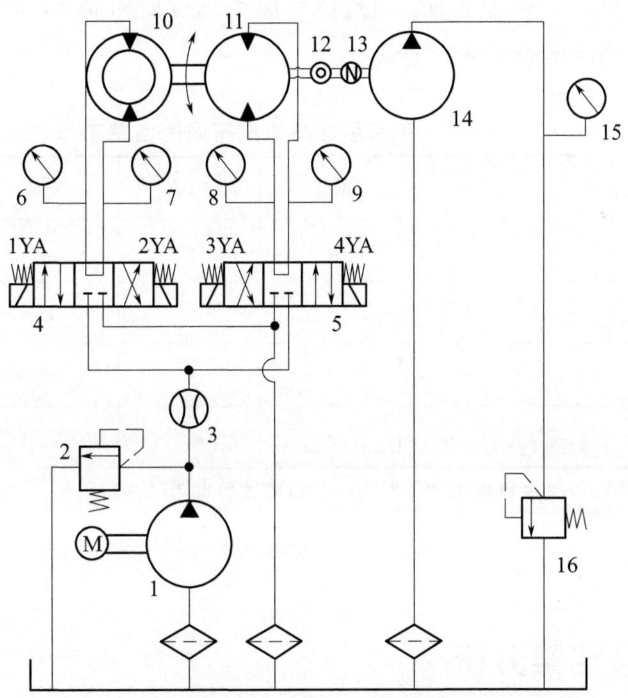

图 7-1　单泵多马达速度换接回路液压系统

1—液压泵；2,16—溢流阀；3—流量计；4,5—三位换向阀；6～9,15—压力表；10—内马达；11—外马达；12,13—转速转矩测试仪；14—负载泵

为被测试液压系统，右侧为系统加载部分，如图 7-2 所示为实验平台。

图 7-2　实验平台

上述系统中，加载部分由负载泵 14 和溢流阀 16 组成，通过调节溢流阀 16 的溢流压力，就可以得到不同的负载压力。液压泵 1 向单作用双定子马达供油，通过调节两个三位换向阀 4、5 实现内、外马达不同的组合方式，见表 7-1。

表 7-1　单泵多速马达液压调速回路工作状况

1YA	2YA	3YA	4YA	马达工作情况
+	−	+	−	内、外马达同时工作
+	−	−	−	内马达单独工作
−	−	+	−	外马达单独工作
−	+	+	−	内、外马达差动工作

注：电磁铁得电用“+”表示，电磁铁失电用“−”表示。

7.2
数据采集与结果分析

在马达四种不同工作方式下，分别调节溢流阀 16 的压力，之后采集马达不同工作时进、出口压力以及转速、转矩，进而对采集得到的数据进行详细计算。分别计算液压泵的输出功率和马达的输入、输出功率。具体数据如表7-2～表7-5所示。

表7-2　1YA得电内马达工作实验数据

进口压力/MPa	出口压力/MPa	转速/(r/min)	转矩/(N·m)	泵输出功率/kW	马达输入功率/kW	马达输出功率/kW
1	0.2	874	2.2	416.6	326.8	201.3
2.2	0.3	871	5.5	916.7	776.2	501.7
3.1	0.2	869	8.9	1291.5	1184.7	809.9
4.2	0.2	866	12.7	1749.7	1634.1	1151.8
5.1	0.3	864	15.8	2124.7	1960.8	1417.7

表7-3　2YA和4YA得电差动工作实验数据

进口压力/MPa	出口压力/MPa	转速/(r/min)	转矩/(N·m)	泵输出功率/kW	马达输入功率/kW	马达输出功率/kW
1	0.2	514	3.8	416.6	326.8	204.9
2.2	0.3	508	9.4	916.7	776.2	502.3
3.1	0.2	502	15.5	1291.5	1184.7	814.8
4.2	0.2	496	22.3	1749.7	1634.1	1160.5
5.1	0.3	491	27.6	2124.7	1960.8	1419.2

表7-4　4YA得电外马达工作实验数据

进口压力/MPa	出口压力/MPa	转速/(r/min)	转矩/(N·m)	泵输出功率/kW	马达输入功率/kW	马达输出功率/kW
1	0.2	323	6.1	416.6	326.8	206.3
2.2	0.3	320	15.0	916.7	776.2	502.7

续表

进口压力/MPa	出口压力/MPa	转速/(r/min)	转矩/(N·m)	泵输出功率/kW	马达输入功率/kW	马达输出功率/kW
3.1	0.2	317	24.5	1291.5	1184.7	815.7
4.2	0.2	315	35.4	1749.7	1634.1	1161.9
5.1	0.3	312	43.8	2124.7	1960.8	1431.1

表 7-5 1YA 和 4YA 得电内、外马达工作实验数据

进口压力/MPa	出口压力/MPa	转速/(r/min)	转矩/(N·m)	泵输出功率/kW	马达输入功率/kW	马达输出功率/kW
1	0.2	238	8.7	416.6	326.8	216.8
2.2	0.3	229	21.3	916.7	776.2	510.8
3.1	0.2	220	35.4	1291.5	1184.7	817.3
4.2	0.2	211	52.9	1749.7	1634.1	1170.5
5.1	0.3	202	67.8	2124.7	1960.8	1433.4

从表 7-2～表 7-5 所测得和计算的数据可以得出马达在不同工作方式下的输出速度，如图 7-3 所示。

图 7-3 表示了单泵多马达速度换接回路的马达转速输出特性曲线。从图 7-3 中可以看出，在马达的 4 种不同工作方式下，马达可以输出 4 种不同的转速，在每种工作方式下，随着负载压力的增大，马达进、出口压差增大，系统的泄漏也增大，所以速度会有所降低。且内、外马达同时工作时速度降低得最明显，差动连接工作时次之，内马达单独工作和外马达单独工作时速度降低得最不明显。

单泵回路的马达转矩输出特性曲线如图 7-4 所示。

从图 7-4 中可以看出，马达在 4 种不同工作方式下，可以输出四种不同的转矩范围，内马达单独工作时输出转矩最小，内、外马达同时工作时输出转矩最大。

如图 7-5 所示为不同工作方式下马达输出功率。

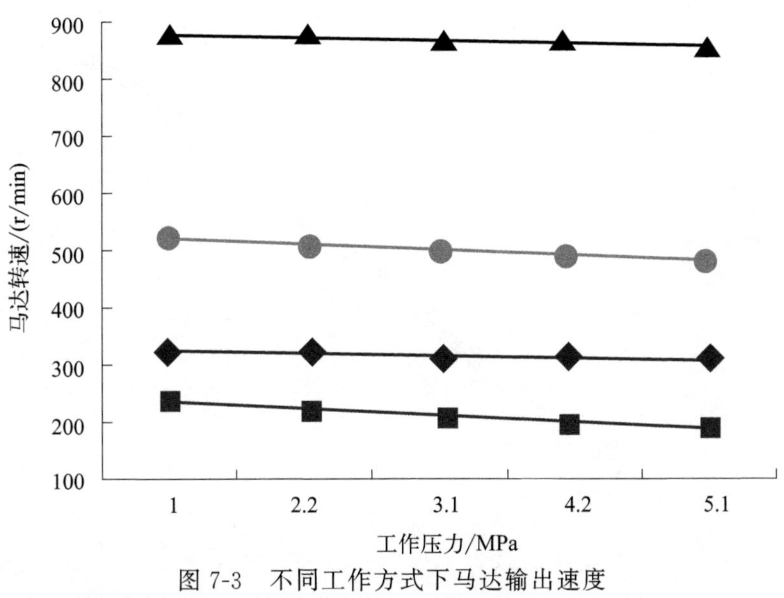

图 7-3　不同工作方式下马达输出速度

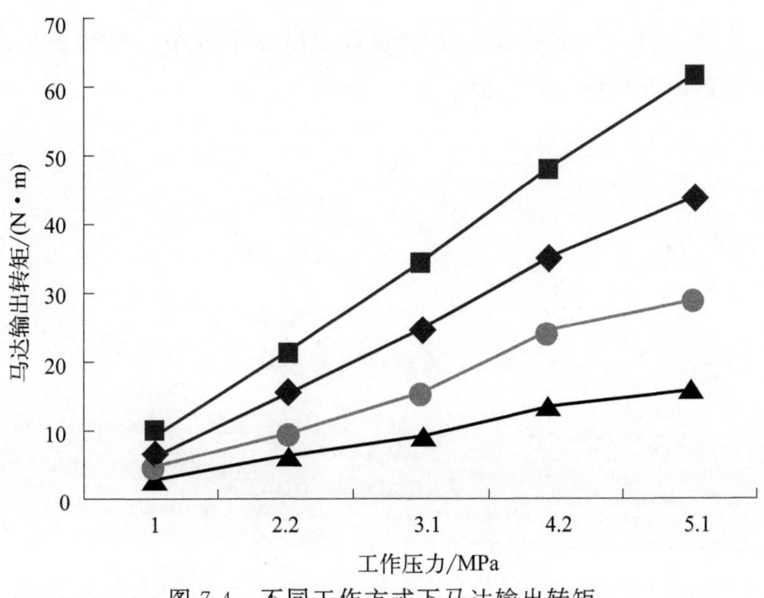

图 7-4　不同工作方式下马达输出转矩

从图 7-5 中可以看出，马达在每种不同工作方式下，随着负载压力的升高，马达输出功率也增大。由于实验误差和元件泄漏的原因，相同的工作压力下，内、外马达同时工作的方式相对来说输出功率

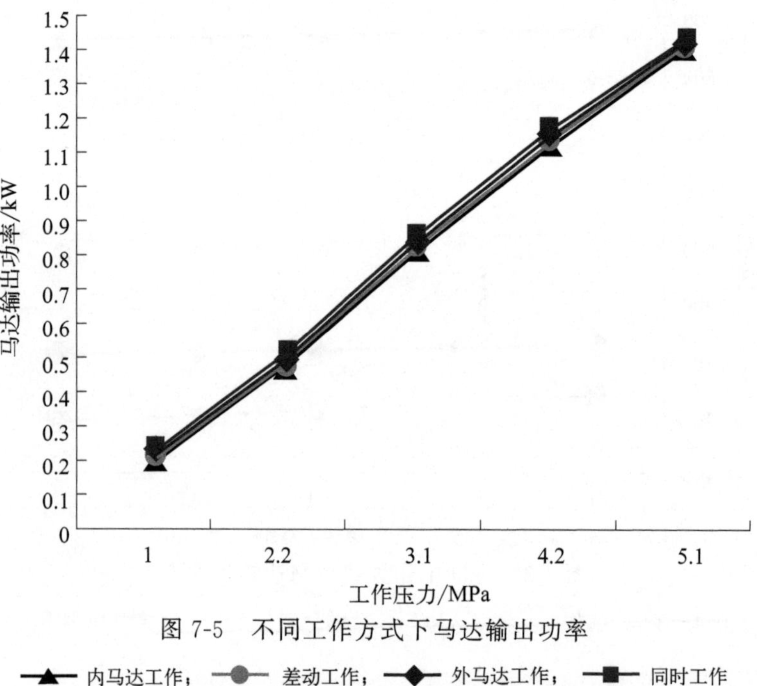

图 7-5　不同工作方式下马达输出功率

最大，而内马达单独工作的方式输出效率最小，但相差不大，基本与理论分析的结果一致。

参考文献

[1] 雷天觉．液压工程手册［M］．北京：机械工业出版社，1989.

[2] 何存兴．液压元件［M］．北京：机械工业出版社，1981.

[3] 陈清奎．液压与气压传动（3D版）［M］．北京：机械工业出版社，2017.

[4] 刘银水．液压与气压传动［M］．北京：机械工业出版社，2018.

[5] 闻德生．液压元件的创新与发展［M］．北京：航空工业出版社，2009.

[6] 闻德生，吕世君，闻佳．新型液压传动（多泵多马达液压元件及系统）［M］．北京：化学工业出版社，2016.

[7] 闻德生．轴转动等宽曲线双定子多速马达［P］，美国专利，PCT/CN2011/072216. 2016-2-24.

[8] 闻德生．轴转动等宽曲线双定子多速马达［P］，日本专利，特许第5805747号. 2015-9-11.

[9] 张凯明．新型多泵多速马达压力控制回路的理论研究和实验分析［D］．秦皇岛：燕山大学，2014.

[10] 杨杰．泵多速马达典型方向控制回路的研究［D］．秦皇岛：燕山大学，2014.

[11] 郑珍泉．多泵-多速马达速度控制回路的理论研究与分析［D］．秦皇岛：燕山大学，2014.

[12] 闻德生，李德雄，隋广东，等．双内外啮合型齿轮多马达在同步回路中的应用［J］．华中科技大学学报（自然科学版），2020，48（05）：68-72.

[13] 闻德生，隋广东，田山恒，等．双定子泵/马达在传统速度回路中的应用分析［J］．液压气动与密封，2019，39（09）：36-39.

[14] 闻德生，隋广东，刘小雪，等．多泵多马达调压系统理论分析与实验［J］．农业机械学报，2018，49（11）：419-426.

[15] 闻德生，商旭东，潘为圆，等．双定子多输出泵控差动缸回路的研究［J］．液压与气动，2017（11）：23-28.

[16] 闻德生，甄新帅，陈帆，等．双定子泵节流调速回路的节能研究［J］．机床与液压，2017，45（13）：1-4.

[17] 闻德生，石滋洲，顾攀，等．双定子多输出泵在同步回路的设计［J］．工程科学与技术，2017，49（02）：196-201.

[18] 闻德生，陈帆，甄新帅，等．双定子泵和马达在压力控制回路中的应用［J］．吉林大学学报（工学版），2017，47（02）：504-509.

[19] 闻德生，甄新帅，陈帆，等．液压同步多马达与传统同步马达的对比分析［J］．

哈尔滨工业大学学报，2017，49（01）：173-177.

[20] 刘巧燕，李喜田，高俊峰，等．双定子泵对多输出齿轮马达传动特性的分析[J]. 机床与液压，2016，44（05）：1-4.

[21] 刘巧燕，闻佳，高俊峰，等．双定子泵对液压缸传动中液压冲击的分析[J]. 液压气动与密封，2015，35（08）：8-11.

[22] 刘一山，闻德生，郭高峰，等．无减压阀的一泵多压回路的特性分析[J]. 机床与液压，2012，40（22）：58-60.

[23] 闻德生，郭高峰，杜孝杰，等．新型液压多泵在液压调速系统中的节能分析[J]. 中国机械工程，2011，22（24）：2966-2969.

[24] 闻德生，徐添，杜孝杰，等．多泵/多马达容积调速回路的理论分析[J]. 上海交通大学学报，2011，45（09）：1294-1298，1303.